ÖSTERREICHISCHE AKADEMIE DER WISSENSCHAFTEN
MATHEMATISCH-NATURWISSENSCHAFTLICHE KLASSE
DENKSCHRIFTEN, 115. BAND

BEDEUTENDE PROBOSCIDIER-NEUFUNDE AUS DEM ALTPLIOZÄN (PANNONIEN) SÜDOST-ÖSTERREICHS

VON

MARIA MOTTL

(MIT 31 ABBILDUNGEN UND 9 TABELLEN)

WIEN 1969

IN KOMMISSION BEI SPRINGER-VERLAG, WIEN/NEW YORK
DRUCK: CHRISTOPH REISSER'S SÖHNE AG, 1051 WIEN, ARBEITERGASSE 1—7

ISBN-13: 978-3-211-86356-5   e-ISBN-13: 978-3-7091-5640-7
DOI: 10.1007/978-3-7091-5640-7

Inhaltsverzeichnis

	Seite
I. Fundorte und Fundumstände	5
II. Die Mastodontenreste	8
A. Breitenfeld	8
B. Kornberg	27
III. Die Dinotheriumreste	36
A. Breitenfeld	36
C. Holzmannsdorfberg	42
Angeführte Literatur	49
Tafeln	51

In den letzten Jahren konnten, dank der Aufmerksamkeit der Sandgrubenbesitzer, in der südöstlichen Steiermark zahlreiche *Mastodon*- und *Dinotherium*-Reste geborgen werden, von welchen einige nicht nur für Österreich, sondern auch für ganz Europa einzigartige Fundstücke darstellen und als wertvolle Sehenswürdigkeiten den Tertiär-Saal des Museums für Bergbau, Geologie und Technik am Landesmuseum Joanneum Graz bereichern.

Im folgenden sollen alle diese Funde beschrieben, verglichen und abgebildet werden. Den Herren Univ.-Prof. E. THENIUS, Univ.-Prof. H. ZAPFE, Paläont. Inst. der Universität, Prof. F. BACHMAYER, Naturhist. Museum Wien, sowie den Kustoden K. BAUER, Naturhist. Museum Wien, und K. MECENOVIC, Landesmuseum Graz, möchte ich für ihre Unterstützung bei meinen Vergleichsuntersuchungen an dieser Stelle bestens danken, ebenso der Öst. Akademie der Wissenschaften Wien für die mir erwiesene Subvention.

I. Fundorte und Fundumstände

Die Fundorte verteilen sich auf drei getrennte Gebiete im Südosten des Bundeslandes Steiermark:

A. In der Sandgrube BAUER, auf der nördlichen Anhöhe (Klausberg, 280 m Seehöhe) der Ortschaft Breitenfeld, N von Riegersburg, kamen die ersten Funde im Juni 1961 ans Tageslicht. Bis die Fundmeldung das Landesmuseum erreichte, zerfiel leider der durch Bodenfeuchtigkeit stark aufgeweichte Schädel eines *Mastodon* (Bunolophodon) *longirostris*-Exemplars, so auch der durch die Abbauarbeiten in der Grube beschädigte linke Unterkieferast desselben Individuums. Der nahezu vollständige rechte Unterkieferast, so alle die Ober- und Unterkieferbackenzähne, Reste der unteren Stoßzähne konnten demgegenüber gerettet werden. Die oberen Stoßzähne waren, laut Auskunft des Grubenarbeiters, nicht mehr im Verbande des Schädels, auch bei den später durchgeführten Grabungsarbeiten konnten sie nicht entdeckt werden.

Im Oktober 1962 stieß man, 17 m südöstlich vom Unterkiefer-Fundpunkt entfernt, auf ein weiteres, aus dem Grobsand herausragendes Knochenstück, das sich nach unseren sofort eingesetzten Bergungsarbeiten als das Acetabulum eines vollständig erhaltenen, gewaltigen Beckens entpuppte. In Gipsbett gelegt, konnte ich später das, wie die vorherigen Funde stark aufgeweichte einzigartige Objekt, mittels Kunstharzleimlösungen der Wissenschaft erhalten.

Die Annahme zuerst, der Fund gehörte vielleicht zum *Mastodon*-Skelett, erwies sich nicht als richtig, die Vergleichsuntersuchungen ergaben die Zugehörigkeit zu *Dinotherium giganteum*, was bald darauf, im November 1962 auch durch das Auffinden eines durch Bodendruck stärker hergenommenen, aber in derselben Tiefe, nur 6 m westnordwestlicher im Sand liegenden *Dinotherium*-Unterkiefers bekräftigt wurde.

Im Juni 1963/64 konnten unsere planmäßigen Grabungen in der großen, nördlichen Abbauwand, nur 5 m von der Schädel-Unterkiefer-Fundstelle entfernt, eine Menge Wirbel, Rippen, die Schulterblätter, Beckenstücke sowie zahlreiche Extremitätenknochen, fast das ganze Skelett des verendeten Mastodons auf einer Fläche von nur 8 m² freilegen. Schon allein die Knochenfarbe dieser neuen Funde zeigte an, daß sie zum selben Individuum wie der Schädel und Unterkiefer gehörten. Die graue Tönung dieses Fundkomplexes unterschied sich stark von der gelbbraunen Farbe der weiter südlich angetroffenen *Dinotherium*-Knochen.

Es handelt sich demnach um die Skeletteile zweier Proboscidierarten in dieser Sandgrube, die jedoch im annähernd selben Niveau, zwischen 6—8 m des Grubenprofils, zur Einbettung kamen.

Bezeichnend für die Einbettung der Reste ist die Feststellung, daß sowohl der *Dinotherium*- als auch der *Mastodon*-Unterkiefer mit den Zähnen nach unten lagen, wie auch der zerfallene Schädel mit dem Schädeldach nach unten blickend angetroffen wurde. Eine Feststellung, die auch bei der Bergung der *M. longirostris-arvernensis*-Funde in Hohenwarth, Niederösterreich (H. ZAPFE 1957), doch auch schon früher, u. a. von J. WEIGELT (1927) und L. RÜGER (1931) gemacht wurde.

Diese Lage wurde als Beweis für auf dem Rücken triftende Kadaver, mit dem von Verwesungsgasen aufgetriebenen Bauch nach oben im Wasser treibend, gedeutet.

Bezüglich des *Mastodon*-Skelettes deuten die Fundumstände darauf hin, daß nach dem Loslösen des Schädels unweit auch die anderen Skeletteile im Sand versanken. Der aufgenommene Lageplan zeigte, daß Atlas, Epistropheus und Halswirbel, aber auch mehrere Rückenwirbel sowie Humerus, Radius und Ulna dext. noch dicht hinter- bzw. nebeneinander lagen, während unter dem rechten Schulterblatt das Kreuzbein, neben dem Humerus dext. der Talus und Calcaneus dext. zum Vorschein kamen. Das alles spricht dafür, daß die einzelnen Skeletteile keinen weiteren Transport mehr mitmachten und der örtliche Wellengang nicht ausreichte, die einzelnen Stücke stärker aus dem Skelettverbande zu reißen.

Dies bekräftigt auch der Erhaltungszustand der Reste, die keine Abrollung, bloß stellenweise korrodierte alte Bruchflächen zeigen. Nur der Humerus sin. und die Beckenteile wurden einem sekundären seitlichen Bodendruck und Sedimentstauchung ausgesetzt, die diese Knochen arg deformierten.

Interessant ist der Nachweis des Metacarpalknochens von der Waldantilope *Miotragocerus pannoniae* (KRETZ.) und von der Zwerghirschart *Dorcatherium naui* KAUP im Gemenge der *Mastodon*-Skeletteile.

Im Gegensatz zum Auffinden der *Mastodon*-Skeletteile unweit des Schädels, konnten Grabungen zwischen dem Fundpunkt des *Dinotherium*-Unterkiefers und dem des Beckens nur kleinere Extremitätenbruchstücke zutage fördern. Bemerkenswert ist, daß das gewaltige Becken mit dem Sacrum nach oben liegend im Sand eingebettet war, was gegen eine Rückenlage des einstigen Kadavers spricht. In Hinsicht auf den verkehrt liegenden Unterkiefer könnte jedoch auch angenommen werden, daß die mit den Stoßzähnen bewaffnete Mandibel sich früher loslöste und zu Boden sank, was nach J. WEIGELT (1927) und W. SCHÄFER (1955) dem normalen Verwesungsprozeß entsprechen würde, während die mächtigen, ausgebreiteten Hüftbeinschaufeln eine tragende Schwimmfläche bildeten.

In der mächtigen, WSW—ONO verlaufenden Abbauwand der Sandgrube BAUER konnte ich folgende Schichtung feststellen:

0—0,4 m rostroter Lehm
0,4—1,2 m gelbbrauner, verlehmter Sand mit grauen Ton- und Mergellinsen durchsetzt
Markante Diskordanz
1,2—3 m gelbbrauner, etwas verlehmter Sand
Ab 3 m fein kreuzgeschichtete graue Sande mit Kiesschlieren und Feinschotterlagen durchzogen, die fast durchwegs aus Quarzen bestehen. Der Tiefe zu wird der Sand gröber.

Aus 6 m Tiefe des letzteren Schichtpaketes, am Fuße der Abbauwand kamen die *Mastodon*-Skeletteile, 5 m davor aus 7 m Tiefe der Schädel und der Unterkiefer desselben Tieres und 14 bzw. 17 m entfernt aus 8 m Tiefe der Unterkiefer und das Becken des *Dinotherium giganteum* zum Vorschein.

Innerhalb der ausgedehnten, doch relativ dünnen, großteils limnisch-fluviatilen Sedimentdecke des Pannons des Steirischen Beckens (A. WINKLER V. HERMADEN 1927, 1949, 1951/52, 1957, K. KOLLMANN 1960, 1965; Altpliozän = Pontien s. l. = Pannonien siehe E. THENIUS 1959, A. PAPP 1968), die eine mehrfach einsetzende, großflächige Schotterschüttung mit nachfolgender feinklastischer Sand- und Tonsedimentation erkennen läßt (K. KOLLMANN 1965, S. 576), gehören die Sande und Feinschotter der Sandgrube BAUER dem Unterpannon (Pontien inf.) an. Es sind tiefere Digitationen des sogenannten Karnerberg-Schotterhorizontes, welche Schotter von A. WINKLER V. HERMADEN (1949, 1957 usw.), A. PAPP, F. SAUERZOPF (1950, 1951, 1953) und H. FLÜGEL (1961) der Zone D, von K. KOLLMANN (1960, 1965) auf Grund der großangelegten Bohr- und Kartierungsarbeiten der Rohöl-Gewinnungs A. G. Wien, der Zone C der Wiener Pannon-Einteilung, also einem etwas tieferen Niveau des Unterpannons zugeordnet wurden.

B. Südwestlich von Riegersburg, in der Höhe des Schlosses Kornberg, im Bereiche der klassischen Aufschlüsse des Karnerberg-Schotterzuges (A. WINKLER V. HERMADEN 1927), in der kleinen Sandgrube DIETL in Dörfl bei Kornberg bei Feldbach sind Mitte November 1964 in 4 m Tiefe zwei Zähne gefunden worden, die ich als die Backenzähne von *Mastodon longirostris* begutachten konnte.

Eine trotz der vorgeschrittenen Jahreszeit vom Landesmuseum Joanneum Graz sogleich vorgenommene Grabung an der Fundstelle ergab, daß die Backenzähne dem Schädel eines starken, alten männlichen Tieres, der mit dem Gaumendach nach oben lag, angehörten.

Groß war meine Freude, als 2 m links vom Schädel entfernt, wir den wohlerhaltenen ganzen Unterkiefer in normal waagrechter Lage und rechts, dicht neben dem Schädel die vollständige linke Beckenhälfte des Tieres, darunter mit einer Rippe, freilegen konnten.

Dem Schädel und dem Unterkiefer fehlten die Stoßzähne, obwohl die Alveolenränder keine Beschädigungen aufwiesen. Weitere Aufschlußarbeiten im näheren Bereich der Fundstelle erbrachten leider keine weiteren Funde.

Die gelbbraunen, stark eisenschüssigen Grobsande der Grube zeigten eine intensive Kreuzschichtung mit sekundären Stauchungserscheinungen, die teils auch den Schädel deformierten, mit Tonnestern und Feinkieslagen, welch letztere reinem Quarz-Restschotter entsprachen. Die Sande und Schotter sind als tieferes Niveau des Karnerberg-Schotterzuges (A. WINKLER V. HERMADEN 1927, 1949, 1950, K. KOLLMANN 1965) geologisch gleich alt wie die von Breitenfeld, unterpannonisch, Zone C des österreichischen Unterpliozäns.

Wie viele Tausende von Jahren die beiden Digitationen voneinander wirklich trennen, welch lange *Mastodon*-Generationenfolge (in biologischem Sinne) zwischen den einzelnen Schotterschüttungen dahinstarb, bleibt uns leider unbekannt.

C. Die dritte Fundstelle ist die westlichste in der Oststeiermark, die Sandgrube EDELSBRUNNER in 430 m Seehöhe am Holzmannsdorfberg bei St. Marein a. P., aus welcher Sandgrube seit dem April 1962 zahlreiche Vertebraten- und Gastropodenfunde zutage kamen, die 1966 von mir zusammenfassend bearbeitet wurden.

Unter den weiteren, seit 1966 in der Sandgrube geborgenen Säugetierresten (zahlreiche *Hipparion gracile*- und *Aceratherium incisivum*-Reste, *Hyotherium palaeochoerus*, Felide, *Miotragocerus pannoniae*) befinden sich auch zwei gut erhaltene Halswirbeln eines großen *Dinotherium giganteum*-Exemplars (Ostteil der Sandgrube, 14 m tief im eisenschüssigen, sehr verbackenen Schotter) und als neuester Fund, Juni 1968, gleichfalls aus dem O-Teil aus 15 m Tiefe stammend, ein nahezu vollständiger *Dinotherium*-Unterkiefer, der wegen seiner Kleinheit sofort auffiel.

Erwähnenswert sind die aus den Hangendsanden (3—6 m) dieser Sandgrube zutage geförderten vielen Schildkröten (*Testudo*, *Trionyx*) und Gastropodenreste (*Galactochilus, Cepaea sylvestrina leobersdorfensis*), welch letztere 1967 durch ein weiteres interessantes Exemplar bereichert wurden. Laut der liebenswürdigen Bestimmung von Univ.-Prof. A. PAPP, Paläont. Inst. der Universität Wien, handelt es sich um eine *Terebralia bidentata* EICHW., die im Wiener Becken für die Badener Serie (Badenien = Torton, A. PAPP 1968) bezeichnend ist und im Unterpannon dieser Sandgrube, wie im Pannon der Steiermark im allgemeinen einer kleinen

Sensation gleichkommt, ganz gleich, ob es sich um eine persistierende Form oder um einen, durch Zuflüsse vom Westen her verfrachteten Fund handelt.

Die Sande und Schotter des heute mächtigen Grubenprofils gehören nach K. KOLLMANN (1965, S. 595) einem höheren Niveau des Karnerberg-Schotterzuges, doch ebenfalls noch dem Unterpannon der Zone C an.

Alle drei der oben angeführten Proboscidier-Fundstellen Südostösterreichs stellen somit tiefe Unterpliozänhorizonte Europas dar.

II. Die Mastodontenreste

A. Breitenfeld.

Der in der Sandgrube BAUER in Breitenfeld bei Riegersburg aufgefundene Unterkiefer gehörte einem starken, schon ziemlich erwachsenen, doch wie die Extremitätenreste zeigen werden, noch nicht vollausgewachsenen Tier an.

Das auffallendste Merkmal des erhalten gebliebenen rechten Mandibelastes (Inv.-Nr. 59.641, Abb. 1) ist der lange, stark nach unten gebogene, gesenkte, kräftig gebaute Rostralabschnitt, der von dem fast geraden des Kornberger Unterkiefers gänzlich abweicht. Die Länge der Mandibel beträgt vom Condylus-Hinterrand bis zum vorderen Bruchende 1058 mm, die übrigen Maße sind in der beiliegenden Tabelle zusammengestellt. Das vorderste Rostrumstück ist leider weggebrochen.

Der zum Corpus nahezu rechtwinkelig aufragende Ramus ascendens ist sehr massig, breit gebaut, so auch die ganze Angulus-Partie. Der hakenförmig vorspringende Proc. coronoideus ist von der gleichen Form wie am Unterkiefer des *Mastodon angustidens* aus Wien-Dornbach oder an dem des *Mastodon longirostris* von Stettenhof, Niederösterreich, und wie beim letzteren Exemplar, fast gleich hoch wie der Proc. articularis mit dem waagrecht stehenden, nicht sehr langen Condylus. Zwischen den beiden verläuft die rel. lange Incisura mandibulae flach konkav, die mit ihr parallel dahinziehende Temporalisgrube bildet, wie am Stettenhofener Unterkiefer, eine breite, gut geprägte, doch relativ seichte, längliche Mulde, die erst unweit dem Vorderrande des Proc. cor. endet.

Stark geprägt und breitflächig, also longirostrin ist auch die Masseter-Ansatzfläche, die bis zum Unterrand des Kiefers reicht.

Der Horizontalast des Unterkiefers ist ebenfalls hoch und kräftig gebaut, unter M_{2-3} lateral jedoch nur mäßig aufgetrieben. Die Foramina mentalia sind mit hartem Sand überkrustet, nicht sichtbar. Nahe zum Bruchende des Rostrums, also weit vorn, wie das nach G. SCHLESINGER (1917, S. 67) langsymphysige *M. angustidens*- oder diesbezüglich urtümliche *M. longirostris*-Formen mit noch voll funktionellen Stoßzähnen kennzeichnet, mündet als relativ kleines Foramen alveolare anterius der sonst geräumige, neben der Stoßzahn-Alveole labial dahinziehende Alveolarkanal, der durch eine durchbrochene Stelle der I_2-Alveole gut zu sehen ist. Die Alveole ist hohlkugelförmig und reicht fast zum Symphysenbeginn, der sich 150 mm vor/unter dem M_2 befindet. Der hintere Rostrumabschnitt ist hoch, die Symphysealrinne war tief, angustoid, ihre oberen Ränder sind scharfkantig, sie ziehen bis zur M_1-Alveole.

Nahe zum lingualen Unterrand des Kieferkörpers ist ein gut geprägter Sulcus mylohyoideus vorhanden. Von normaler Lage ist auch der große, durchbrochene Canalis alv. post. auf der Innenseite des aufsteigenden Astes.

Vergleicht man die vorliegende Mandibel mit den anderen, aus Österreich bekanntgewordenen *Mastodon*-Unterkiefern, projiziert man die Konturlinien der einzelnen Kieferfunde aufeinander, so ergibt sich mit *Mastodon angustidens* aus Wien-Dornbach die größte Ähnlichkeit mit dem Unterschied, daß die Breitenfelder Mandibel kräftiger gebaut und ihr Rostrum stärker abwärts gebogen ist, indem der Winkel, den die Rostrumachse mit der Usurebene

der Molaren einschließt (Neigungswinkel des Rostrums nach F. M. BERGOUNIOUX-
F. CROUZEL 1960), am Breitenfelder Unterkiefer 48°, am Dornbacher jedoch nur etwa 33°
beträgt.

Mit der Abwärtsbiegung des Rostralabschnittes im Rahmen der Mastodonten befaßten
sich in letzter Zeit besonders F. M. BERGOUNIOUX (1960) und R. VAUFREY (1958) eingehender.

F. M. BERGOUNIOUX-F. CROUZEL haben eben auf Grund des stark geneigten Rostrums
(Neigungswinkel 55°), mit seitlich konkavem Querschnitt, den früher von H. KLÄHN (1931)
als *M. longirostris* var. *grandis* bezeichneten Unterkiefer aus Esselborn in Rheinhessen als
M. (Tetralophodon) curvirostris umbenannt. Sie geben für die Trilophodonten einen Neigungswinkel von 14—45° (Serridentinen 20—40°), für *M. longirostris* einen von 25—35° an.

Von den *M. longirostris*-Unterkieferresten Österreichs hat der anschließend zu besprechende Neufund aus Kornberg bei Feldbach eine ziemlich lange, doch kaum gesenkte
Symphyse mit einem Neigungswinkel von nur 23°. Sanft nach unten gebogen, nach
G. SCHLESINGER (1917, S. 68) zwar in stärkerem Maße als dies die Abb. 3 auf Taf. X veranschaulicht (etwa 29°), ist auch die lange Symphyse der „Übergangsform" *M. angustidens-
longirostris* aus der Stirlingsandgrube am Laaerberg bei Wien.

Der Symphysenteil des *longirostris*-Unterkiefers aus den Belvedere-Gruben in Wien ist
leider weggebrochen, der Symphysenbeginn des nach G. SCHLESINGER (1917, S. 95) langen
Rostrums war aber gerade gerichtet, ein Abbiegen, wie am Breitenfelder Unterkiefer, ist
nicht festzustellen. Eine schon relativ kurze, nicht gesenkte Symphyse hatte der *longirostris*-
Unterkiefer aus Stettenhof bei Gösing in Niederösterreich (G. SCHLESINGER 1917, Taf. XIII,
Fig. 4, und S. 107, Fig. 8). Alle diese Vorkommen sind unterpannonisch (F. STEININGER 1965,
S. 201, 206).

Sehr niedrig, schlank und weit kürzer als am Unterkiefer aus Breitenfeld war auch das
Rostrum des im Joanneum Graz aufbewahrten *longirostris*-Unterkiefers aus dem Unterpannon
(SAUERZOPF, PAPP, KOLLMANN) von Wolfau im Burgenland mit einem Symphysenbeginn
107 mm vor/unter dem M_2 gegen 150 mm am Exemplar von Breitenfeld.

Mit dem vorliegenden Unterkiefer nicht zu vergleichen ist auch der relativ kurze,
schlanke Rostrumtypus der *M. longirostris-arvernensis*-Mandibel aus dem Oberpannon von
Hohenwarth bei Eggenburg in Niederösterreich (H. ZAPFE 1957), mit einem Neigungswinkel von etwa 28—30° oder der noch kürzere, derselben Übergangsform zugeschriebene
Unterkiefer aus Mannersdorf bei Angern, Niederösterreich, gleichfalls dem Oberpannon
angehörend.

Eine nur geringe Abwärtsbiegung der schnabelförmigen Symphyse (falls richtig zusammengesetzt!) weist auch das von J. J. KAUP (1835, Taf. XIX, Fig. 1) abgebildete Typusexemplar
des *M. longirostris* auf, wie auch im reichen *M. angustidens* und *M. longirostris*-Material Deutschlands, nach den Angaben von H. KLÄHN (1922, 1931) und U. LEHMANN (1950) im allgemeinen
gerade bis mäßig gesenkte Rostren überwiegen.

Unter den *M. angustidens*-Formen Frankreichs erscheinen demgegenüber auch sehr lange
und stark gesenkte Typen, z. B. Formen von Simorre und *M. angustidens gaillardi* OSB. aus
dem Sarmat von Villefranche d'Astarac.

R. VAUFREY (1958, Fig. 25—26, S. 212—214) bildet ein ganze Reihe von Trilophodonten
mit kaum gesenkten bis stark nach unten gebogenen Rostren, mit der amerikanischen Endform *Rhynchotherium edense* FRICK ab, deren Neigungswinkel 65° beträgt. Bei *M. angustidens
gaillardi* dürfte derselbe, der Abbildung nach, etwa 43° erreicht haben.

Rein der allgemeinen Mandibelform bzw. Rostrumkrümmung nach entspricht das
M. longirostris-Exemplar aus Breitenfeld unter den Auslandsformen am besten *M. angustidens
gaillardi* aus Frankreich bzw. *M. curvirostris* (= *longirostris*) aus Esselborn, wonach, auf Grund
der Durchschnittsproportionen, auch Vergleichswerte des Unterkiefers aus Kornberg aber
auch anderer österreichischer Funde zugrundelegend, angenommen werden darf, daß dem
vorliegenden Unterkiefer fast die Hälfte des Rostralabschnittes wegbrach.

Tabelle 1

(Mandibula)

	M. longirostris KAUP Breitenfeld mm	*M. longirostris* KAUP Kornberg mm	*M. longirostris* KAUP Laaerberg (SCHLESINGER 1917) mm	*M. longirostris* KAUP Wien-Belvedere (SCHLESINGER 1917) mm
Gesamtlänge (vom Condylus-Hinterrand bis zur Rostrumspitze)	ca. 1452	1250	—	ca. 1450
Länge vom Condylus-Hinterrand bis zum Symphysenbeginn	840	730	—	—
Länge vom Vorderrand des Ramus asc. bis zur Rostrumspitze	—	930	900	bis Symphysenbeginn: 300
Länge vom Symphysenbeginn bis zur Rostrumspitze	ca. 632	550	—	ca. 625
Horizontalabstand zwischen dem Außenrand des Cond. und dem des Proc. cor.	380	258	378	310
Ant.-post. Breite des Ramus asc. in der Höhe des Alveolarrandes	370	352	—	—
Höhe des Ramus ascendens (vom Cond.-Oberrand bis zum Kiefer-Unterrand)	420	390	—	465
Höhe des Ramus horizontalis vorn und unter M_2	243, 214	201, 181	—, 165	—, 230
Größte Dicke des Ramus horizontalis	unter M_3: 157	unter M_3: 190	150	165
Abstand zwischen den Innenrändern der M_2	—	117	—	—
Abstand zwischen den Innenrändern der M_3	—	189	—	110
Abstand zwischen den Innenrändern der Condylen	—	320	—	außen: 470
Höhe des hinteren Rostrumabschnittes	189	181	—	—
Höhe des mittleren Rostrumabschnittes	—	113	—	—
Höhe und Breite des vorderen Rostrumabschnittes	—	88, 164	—, 120	—, ca. 165
Länge und Breite des Condylus mand.	104 × 63	133 × 63	—	—
Breite der Symphysealrinne hinten, in der Mitte, vorn	—	92, 67, 103	—	—
Rostrum-Verhältnis: Symphysenlänge/Mandibellänge	ca. 43,5	44	—	ca. 43,1
Neigungswinkel des Rostrum (Rostrumachse mit Molaren-Kaufläche)	48°	23°	ca. 26—29°	—
Winkel des Ramus ascendens mit dem Ramus horizontalis	91°	96°	—	—
Divergenzwinkel der Mandibeläste	—	ca. 53°	—	—

M. longirostris KAUP Stettenhof (SCHLE-SINGER 1917) mm	*M. longirostris* KAUP Eppelsheim (J. J. KAUP 1835) mm	*M. curvirostris* BERG.-CROUZ. Esselborn (BERG.-CROUZEL 1960) mm	*M. long.-arv.* Hohenwarth (H. ZAPFE 1957) mm	*M. angustidens* CUV. Dornbach (SCHLE-SINGER 1917) mm	*M. angustidens* CUV. Sansan (H. FILHOL 1891) mm	*M. ang. gaillardi* OSB. Astarac (R. VAUFREY 1958) mm	*E. antiquus* FALC. et CAUTLEY Riano (A. M. MAC-CAGNO 1962) mm
ca. 900	ca. 1065 ca. 810 (nach VAUFR.)	1080	940	ca. 1250	ca. 980	1495	760
—	—	—	—	—	—	—	—
bis Symphysenbeginn: 300	—	—	—	bis Symphysenbeginn: 320	—	—	360—420
—	320 (KAUP) 330 (VAUFR.)	470	291	ca. 550	420	830	108—170
305	—	—	—	220	—	—	—
—	—	—	—	—	—	—	247—290
420	—	330	400	350	360	—	550
—, 205	—	—, 225	—, 150	unter M_3: 140	unter M_3: 189	—	158—250 112—160
180	—	—	102	135	—	—	150—190
—	—	125	—	—	—	—	75—95
—	—	350	—	145	—	—	140—180
—	—	480	außen: 500	außen: ca. 420	—	—	315
—	—	140	—	—	—	—	—
—	—	90	—	—	—	—	—
—	—, 106	90, 120	81, 65	—	—, 120	—	—
120,5 × 60	—	110 × —	147 × 64	—	—	—	—
—	44, —, —	—	—	—	—	—	—
—	ca. 31	43,5	31	43,5	ca. 41	55,5	—
—	—	55°	28—30°	33°	—	ca. 43°	—
88°	—	74°	74°	84°	—	? 110°	83—87°
—	—	67°	ca. 53°	—	48°	—	—

Bei einer Rostrumlänge von etwa 632 mm als Wahrscheinlichkeitswert (am Kornberger Unterkiefer 550 mm, am Wien-Belvedere-Exemplar, der von G. SCHLESINGER 1917, Fig. 7, gegebenen Rekonstruktion nach etwa 625 mm, am Esselborner Individuum 470 mm, bei *M. ang. gaillardi* nach R. VAUFREY 830 mm, bei *M. angustidens* von Wien-Dornbach auf Grund der Rekonstruktion von G. SCHLESINGER 1917, Fig. 4, etwa 550 mm, bezüglich der Eppelsheimer Typusmandibel des *M. longirostris* nach J. J. KAUP 320 mm, nach R. VAUFREY 330 mm, am Unterkiefer des *M. longirostris-arvernensis* aus Hohenwarth 291 mm), dürfte die Gesamtlänge des Unterkiefers aus Breitenfeld etwa 1452 mm, gegenüber 1250 mm der Kornberger, etwa 1450 mm der Wien-Belvedere, 1080 mm der Esselborner, etwa 1250 mm der Dornbacher Mandibel, 1495 mm des *M. ang. gaillardi*, etwa 1065 mm der Eppelsheimer Typusmandibel (nach R. VAUFREY nur 850 mm) und 940 mm des Hohenwarther Fundes betragen haben.

Diese Werte sind deshalb von Interesse, da G. SCHLESINGER (1917, S. 107) das lange Rostrum des Unterkiefers aus den Belvedere-Gruben in Wien als das untere Extrem der *longirostris*-Mandibelgestaltung betrachtet.

Als R-Verhältnis (Symphysenlänge/Mandibellänge ohne I_2) ergibt sich danach für das Breitenfelder *longirostris*-Exemplar ein Wert von 43,5 gegenüber 44 des Kornberger, etwa 43,1 des Wien-Belvedere, 43 des Esselborner (F. M. BERGOUNIOUX-F. CROUZEL 1960), etwa 31 des Eppelsheimer *M. longirostris*, 55,5 des *M. ang. gaillardi*, etwa 43,5 des Dornbacher *M. angustidens* und 31 des *M. longirostris-arvernensis* aus Hohenwarth. Gegenüber dem langen Rostrum des Unterkiefers aus Breitenfeld fällt die schon sehr progressive Rostrumgestaltung des Eppelsheimer Typusexemplars besonders auf.

Da lange, stark gesenkte Rostren nicht nur in Europa, sondern auch in Amerika und Indien (z. B. *T. chinjiensis*) vorkommen, andeienteils schon unter *M. angustidens*-Exemplaren nicht selten relativ kurzsymphysige Typen (F. M. BERGOUNIOUX-G. ZBYSZEWSKI-F. CROUZEL 1953, U. LEHMANN 1950) auftreten, erscheint es genetisch nicht begründet, des so variablen Rostralabschnittes wegen, Einzelformen mit immer neuen Art- ja Gattungsnamen zu belegen, da allein den österreichischen Neufunden nach der Neigungswinkel bei *M. longirostris* 23—48° beträgt, die von F. M. BERGOUNIOUX-F. CROUZEL 1960 gegebenen Werte (25—35°) also bedeutend erweitert und auf Grenzwerte des *M. angustidens* (15—45°) übergreift.

Auf Grund obiger Vergleiche besaß das *M. longirostris*-Exemplar aus Breitenfeld eine noch sehr urtümliche, in vielen Merkmalen angustoide Mandibelgestaltung, und dieser entspricht auch die Form der unteren Stoßzähne, von welchen der rechte (Inv.-Nr. 59.649) bloß als ein 80 mm langes Fragment, der linke Incisiv (Inv.-Nr. 59.662) jedoch in einer Länge von 520 mm erhalten blieb.

Der Zahn (Abb. 2) ist leicht torsiert, er besitzt den für *M. longirostris* bezeichnenden „birnenförmigen" Querschnitt, mit dem „Birnenhals" nach oben-außen. Seine Durchmesser betragen, 200 mm von der Zahnspitze entfernt, 59 × 69 mm und nahe dem Bruchende 56 × 67 mm. Bezeichnend geprägt ist auch die oben-innen fast bis zur Zahnspitze verlaufende Längsrinne, während die beiden oberen-äußeren Längsrinnen schwächer entwickelt sind. Vorn-außen zeigt die Zahnspitze die für *M. angustidens* so bezeichnende bügeleisenförmig zugerundete Nutzfläche und oben-außen eine markante, 180 mm lange Usurfläche.

Die innere Fläche der sonst glatten Stoßzahnspitze ist leider beschädigt, die Flächensubstanz hier abgesplittert, es tritt die deutliche Kanellierung zutage, wodurch der sichere Nachweis einer Kontaktfläche, des Aneinanderliegens der beiden Stoßzahnenden nicht erbracht werden kann. Die sehr geprägte „Bügeleisenform" der Stoßzahnspitze, die übrigen Nutzspuren sowie die große Übereinstimmung des vorliegenden Zahnes mit einem *M. longirostris*-Neufund aus dem Unterpannon von Großweiffendorf bei Mettmach, Oberösterreich (F. STEININGER 1965), würden dies jedoch sehr wahrscheinlich machen.

Die Zusammenstellung von F. STEININGER (1965, S. 204—209) zeigt gut, daß im europäischen *longirostris*-Material (Croix-Rousse, Eppelsheim, Wien-Laaerberg, Burgenland,

Breitenfeld) untere Stoßzähne mit inneren, angustoiden Kontaktflächen gar nicht so selten waren.

Da in der Fauna von Eppelsheim nach H. KLÄHN (1931) und U. LEHMANN (1950) neben entwickelten *longirostris*, ja *longirostris-arvernensis*-Individuen auch persistierende *angustidens*-Formen vorkommen, ist bezüglich der Artzugehörigkeit isolierter I_2 größte Vorsicht geboten.

Die dem vorliegenden Unterkiefer in der allgemeinen Gestaltung nahestehende *M. ang. gaillardi*-Mandibel trug keine I_2, während die des *M. longirostris* von Esselborn im Querschnitt fast drehrund und auseinanderstrebend waren. Divergierende untere Stoßzähne besaß nach G. SCHLESINGER (1917) und F. STEININGER (1965) auch das langsymphysige *M. longirostris*-Exemplar der Belvedere-Gruben in Wien.

Der kurzsymphysige *longirostris*-Unterkiefer aus Stettenhof bei Gösing, Niederösterreich, hatte nach G. SCHLESINGER (1917, S. 94) kleine, ebenfalls divergierende Stoßzähne und dasselbe kann, den Alveolenenden nach, auch für den schmächtigen *longirostris*-Mandibelrest aus Wolfau, Burgenland, angenommen werden.

Der kräftige, *M. longirostris-arvernensis* angehörende Unterkiefer aus dem Oberpannon von Mannersdorf bei Angern, Niederösterreich, scheint keine I_2 gehabt zu haben (H. ZAPFE 1957, G. SCHLESINGER 1917), und stoßzahnlos war auch die schlanke, schnabelförmige Symphyse derselben „Übergangsform" aus Hohenwarth, Niederösterreich.

Die unteren Stoßzähne fehlen auch manchen österreichischen (z. B. Vordersdorf bei Wies, Pyhra) und ausländischen *M. angustidens*- und *M. turicensis*-Exemplaren, *M. longirostris/arvernensis*-Typen auch des Auslandes (z. B. Veles in Mazedonien), aber auch einigen indischen und amerikanischen Tetralophodonten. Schon M. SCHLOSSER (1921, S. 12) hielt dies für sexuell bedingt, stoßzahnlose Individuen für weibliche Tiere und neuerdings wiesen R. VAUFREY (1958, S. 239) und F. M. BERGOUNIOUX-F. CROUZEL (1960) auf dieselbe Möglichkeit hin.

Unterstützen würde diese Annahme der Mandibelfund eines *M. longirostris/arvernensis* aus dem Mittelpliozän von Gödöllö bei Budapest (M. MOTTL 1939, S. 270), dessen kurzer Symphysenteil, den vorhandenen Alveolen nach, im Gegensatz zu derselben Übergangsform aus Veles und Hohenwarth, noch funktionelle Stoßzähne trug.

Wie erwähnt, konnten in Breitenfeld sämtliche Backenzähne des dort eingebetteten Tieres geborgen werden.

Die M_1 wurden schon intra vitam ausgestoßen, ihre Alveolen sind teils schon verwachsen. Stark abgekaut sind die M_2, die M_3 noch nicht ganz in die Kauebene gerückt.

Die M_2 (Inv.-Nr. 59.641 und 59.767, Abb. 3) sind vierjochig, zweiwurzelig, wobei die schmale vordere Wurzel sich unter dem 1. Joch befindet, die hintere breite Wurzel die Ausdehnung der übrigen drei Joche einnimmt. Vorn am Zahn ist eine starke Pressionsmarke sichtbar, der Vordertalon wurde großteils zerstört. Die beiden ersten Joche sind stark abgekaut, prätriterseits mit kräftigen hinteren Sperrhöckern versehen, wie das die typischen *longirostris*-Zähne kennzeichnet. Am 3. Joch ist dieser Sperrhöcker noch immer stark entwickelt. Am 4. Joch prellt der prätrite Nebenhöcker mit dem vorderen Sperrhöcker etwas vor. Das Talonid besteht aus zwei starken, miteinander teils verschmolzenen Schmelzmamillen.

Die Täler sind mäßig weit, die Joche etwas nach vorne geneigt. Die Talausgänge sind offen, Basalbandteile keine vorhanden, auch keine anancoiden oder stegodonten Tendenzen festzustellen. Die Maße der Zähne: größte Länge 149 mm, Breite vorn 65 mm, Breite hinten 75 mm.

Die beiden letzten Backenzähne (Inv.-Nr. 59.641 und 59.768, Abb. 4) müssen als sechsjochig bezeichnet werden, indem die Höcker des sehr schmalen 6. Joches hoch und vom 5. Joch durch ein gut geprägtes Tal getrennt sind. Außerdem befindet sich kaudal noch ein kleiner Talonhöcker.

Der Vordertalon besteht aus kräftigen, aneinandergereihten Mamillen. Haupt- und Nebenhöcker der ersten fünf Joche sind prä- und posttrit gut entwickelt, an den beiden ersten Jochen geringfügig angekaut. Die ersten drei Joche zeigen einen kräftigen vorderen und einen ebensolchen hinteren Sperrhöcker, der am 1. Joch sogar zweigeteilt ist. Am 4. Joch fehlt der vordere Sperrhügel, auch der hintere ist nur schwach ausgebildet und der prätrite Nebenhöcker etwas vorgeprellt, nach U. LEHMANN (1950) ein gutes Merkmal für *longirostris*-M_3. Das 5. Joch ist sperrhöckerlos, die übrigen Elemente sind in einer Flucht geordnet, während das 6. Joch aus einem großen prätriten und einem etwas kleineren posttriten Höcker besteht.

An den Kaudalhängen der prätriten Haupthöcker und der posttriten Nebenhöcker sind Schmelzwülste zu sehen.

Die Joche sind hoch (prätrit am 2. Joch 65 mm), klobig gebaut, ihre Lingualwände steil, die letzten Joche etwas nach vorne geneigt. Die ersten vier Täler sind tief und relativ weit, nur das letzte Tal ist enger. Die Talausgänge sind frei, ein Basalband ist nicht entwickelt und trotz der erhöhten Jochzahl keine Tendenz zur forma *attica*, *sublatidens* oder zu einer Wechselstellung der Jochhälften zu bemerken.

Größte Länge der M_3 237 mm, Breite vorn 84 mm, Breite am 3. Joch 98 mm, am 5. Joch 71 mm, es sind typische, fortschrittliche *longirostris*-Zähne, die eine Herausgestaltung aus *M. angustidens tapiroides*, der subtapiroiden *angustidens*-Abart von G. SCHLESINGER als gut begründet erscheinen lassen.

Von den oberen Stoßzähnen liegt leider kein Stück vor. Die beiden M^1 sind 82 mm lange und 75 mm breite ausgekaute Zahnreste (Inv.-Nr. 59.647—48).

Die beiden M^2 (Inv.-Nr. 59.645—46, Abb. 5) tragen vorn einen mächtigen Pressionseffekt, vom Vordertalon sind nur mehr Reste vorhanden. Die Zähne sind vierjochig, dreiwurzelig, die Joche schon stark usiert. Prätrit ist der vordere Sperrhöcker der stärkere, wie das G. SCHLESINGER (1917, 1919) für die *longirostris*-Molaren hervorhebt, er ist auch noch am 4. Joch gut entwickelt, hier übrigens durch ein weiteres Sperrelement verdoppelt. Der hintere Sperrhügel ist am 3. Joch schwach entfaltet, am 4. Joch fehlt er überhaupt.

Im Gegensatz zu den M_2 sind an den oberen auch posttriterseits Sperrelemente vorhanden, und zwar am 2. und 3. Joch ein starker, wulstartiger vorderer und am 3. Joch auch ein starker hinterer Höcker. Der Hintertalon besteht aus einer Reihe von Schmelzmamillen. Die Täler sind eng, die lingualen Talausgänge durch Basalknötchen blockiert.

Die Zähne sind 157 mm lang, vorn 86 mm, hinten 81 mm breit, sie sind sehr massig gebaute Zähne.

Sehr kräftig entfaltet und höckerreich sind auch die fünfjochigen M^3, die bloß am 1. Joch eine beginnende Abkauung aufweisen (Inv.-Nr. 59.643—44, Abb. 6). Ihr Vordertalon ist kräftig entwickelt, mit einer Reihe von Schmelzmamillen. Die prätriten Hälften der beiden ersten Joche sind klobig-dreikantig, höckerreich, aus einem Haupt- und zwei Nebenhöckern, starkem vorderem und mehrteiligem hinterem Sperrhügel zusammengesetzt. Aus einem Haupt- und zwei Nebenhöckern sowie starken kaudalen Sperrwülsten bestehen auch die posttriten Hälften der ersten drei Joche, während die nur aus dem Haupt- und einem Nebenhöcker, ferner einem starken vorderen Sperrhügel aufgebaute prätrite Hälfte des 3. Joches merklich vorgequetscht eine deutliche anancoide Tendenz aufzeigt. Der rechte M^3 zeigt dies auch am 4. Joch, dessen beide Hälften aus je zwei Höckern bestehen, richtige Sperrelemente fehlen hier.

Das 5. Joch ist niedrig, posttrit sind zwei, prätrit drei Höcker zu sehen. Die Täler sind tief-eng, in den Talausgängen öfters mit Basalwarzen. Die Joche sind hoch (am 2. Joch 65 mm), steil, der Talon schwach ausgebildet, bloß eine niedrige Mamillenreihe.

Ein Basalband konnte nur lingual am 1. Joch nachgewiesen werden. Maße der Zähne: Länge 223 mm, Breite vorn 101 mm, Breite am 5. Joch 77 mm.

Alle die so typischen, elementenreichen Backenzähne von Breitenfeld entsprechen metrisch der oberen Variationsgrenze der bisherigen *longirostris*-Funde aus Österreich, aber auch des Auslandes (VACEK, BACH, SCHLESINGER, ZAPFE, THENIUS, STEININGER, MOTTL; KAUP, KLÄHN, LEHMANN, BERGOUNIOUX-CROUZEL usw.), sie weisen also zusammen mit dem kräftigen Mandibelbau auf ein starkes männliches Tier, wie das „Urbild" des *M. longirostris* aus Gubacs bei Budapest hin (G. SCHLESINGER 1922).

Die letzten Molaren erreichen sogar *M. grandincisivum*-Größe, doch trennen zahlreiche Merkmale dieser Riesenform, so der grobe Schmelz, sehr weite Täler, starke posttrite Sperrhöcker, starkes Basalband, reichliche Zementablagerung, pfeilförmiges Gegeneinanderstreben der Jochhälften, abgesehen von den riesigen I_2, vom Breitenfelder *longirostris*.

Die im Kieferbau dem vorliegenden Neufund so nahestehenden Formen: *M. ang. gaillardi* und *M. curvirostris* (*longirostris*) hatten niedrigere, schmächtigere und einfacher gebaute Backenzähne, wogegen unter den *longirostris*-Molaren aus Eppelsheim (J. J. KAUP 1835, U. LEHMANN 1950) sechsjochige letzte Backenzähne bzw. fünfjochige mit jochartigem Talonid gar nicht selten waren.

Es ergibt sich somit, daß der Breitenfelder *M. longirostris* in der Mandibelgestaltung zwar noch sehr urtümlich, angustoid, im Molarenbau jedoch sehr fortschrittlich longirostrin evoluiert war, eine Mischung von progressiven und konservativen Merkmalen, die, besonders bei „Übergangsformen", schon SCHLESINGER, LEHMANN, ZAPFE aufgefallen waren. Hätte man den Unterkiefer ohne Zähne aufgefunden, hätte man im so urtümlichen Kieferkörper derart evoluierte *longirostris*-Molaren nicht vermutet!

Besonders erwähnenswert ist der klare *longirostris*-Charakter der Zähne. Die anancoide Tendenz ist nur angedeutet und in diesem Grade häufig schon am *angustidens*-Material des Auslandes nachgewiesen worden (U. LEHMANN 1950, F. M. BERGOUNIOUX-F. CROUZEL 1953, 1960), während das *angustidens*-Fundgut Österreichs eine solche Tendenz nicht aufzeigt. Sie tritt erst an unserem *longirostris*-Material häufiger in Erscheinung, wie das, abgesehen von den vorher beschriebenen, auch andere letzte Molaren aus der Steiermark (Eggersdorf, Laßnitz, Kapellen, Rohrberg) bekräftigen.

Longirostris/arvernensis-Übergangsformen mit einer deutlichen Wechselstellung der Molaren-Jochhälften sind in Österreich überwiegend erst vom Oberpannon an bekannt, allein die Steiermark (Sande und Schotter um Laßnitz bei Graz) lieferte einen vollalternierten M^2 (*M.* cf. *arvernensis* bei F. BACH 1910, G. SCHLESINGER 1917, H. ZAPFE 1957, M. MOTTL 1958), der den neuesten Erdölkartierungsarbeiten nach (K. KOLLMANN 1965) unterpannonisch und geologisch sogar älter als das Karnerberg-Niveau der Breitenfelder Sande und Kiese ist.

Weitere Zahnfunde von Oberlaßnitz aus demselben Niveau (F. BACH 1910, M. MOTTL 1958) bezeugen jedoch, daß bei „wulststreifigem", gerilltem Schmelz, schmaler Zahnkrone, hohen-steilwandigen Jochen die Anancoidie auf die letzten Backenzähne nur unvollständig übergriff, was anzunehmen läßt, daß auch der von hier stammende, gut alternierte M^2 keinem typischen *arvernensis* angehörte. Anderenteils ist wieder bekannt, daß unvollständig alternierte Typen als *anancoid* schwach mutierte Individuen auch noch in jedem größeren, typischen *arvernensis*-Material vorkommen.

Wie festgestellt, begann die Reihe der anancoid verschiedengradigen Mutanten bereits mit dem Mittelmiozän. Nach F. M. BERGOUNIOUX (1953) und U. LEHMANN (1950) zeigen sowohl bunodonte als auch bunolophodonte-serridentine Zähne diese Tendenz, und die teilweise Wechselstellung ergreift auch die M_3 und nicht nur die intermediären Molaren (O. FEJFAR 1964).

Dies war auch der Grund, warum F. M. BERGOUNIOUX-F. CROUZEL (1953, 1958—1960) gegenüber G. SCHLESINGER (1917, 1919, 1922) *M. arvernensis* nicht erst aus *longirostris*-Mutanten, sondern von miozänen *Protanancus*-Typen, die auf *angustidens*-Formen zurückgehen, herleiten möchten.

Den Literaturangaben und eigenen Feststellungen nach waren die bunolophodonten *angustidens*-Populationen (*M. ang. tapiroides*) im allgemeinen die entfaltungskräftigsten, indem sie drei phylogenetisch positive, progressive Linien durch longirostrine, anancoide und grandincisivoide Mutanten realisierten.

Etwas konservativer zeigt sich die bunodonte Gruppe (*M. ang. ang.*), obwohl unter diesen Funden die erwähnten Mutanten auch vorkommen.

Alle drei oben angeführten Entfaltungstendenzen machen sich, wie bekannt, mit dem Mittelmiozän geltend, und die sich auf Jahrmillionen verteilenden, in Wirklichkeit seltenen Realisierungstypen zeigen zu gut, welch lange Zeitspanne die Herausbildung des jeweiligen neuen Gepräges bei naturbedingten Arten in Anspruch nahm, wie leicht die so variablen Mutanten zur Annahme zahlreicher „Übergangsformen" und zu neuen Benennungen führen können und daß, trotz einer Reihe von Mutanten, wie z. B. die anancoiden Typen des Miozäns und Unterpliozäns, immer erst zeitgebunden der vollausgeprägte neue Bauplan, so auch *M. arvernensis* des Jungpliozäns, erscheint.

Neben dem Neuen existieren noch lange Zeit hindurch Individuen, die von den progressiven Tendenzen überhaupt nicht ergriffen wurden (z. B. reine *angustidens*-Typen noch im Unterpliozän Deutschlands und Spaniens, H. KLÄHN, U. LEHMANN, M. CRUSAFONT PAIRO), das Alte bewahrten, zum Beweis dafür, daß innerhalb der Populationen nicht alle Individuen mutiert worden sind.

In seiner so gedankenreichen zusammenfassenden Darstellung bezeichnet U. LEHMANN (1950) *M. angustidens* als eine Großart, die sich in drei Unterarten: *M. angustidens angustidens*, *M. angustidens tapiroides* und *M. angustidens turicensis* gliedert, indem nach ihm die Merkmale nicht ausreichen, um *M. turicensis* als zygodonte Form von *M. angustidens* artlich zu trennen. Dagegen tritt H. ZAPFE, 1954, für die artliche Absonderung der beiden Typen ein.

Im reichen *angustidens*-Fundgut der Steiermark ist mir kein Zahn mit posttriten Zygodontencristen bekannt, und dasselbe stellte für das übrige österreichische Material schon G. SCHLESINGER (1917/18) fest, obwohl stark subtapiroide Einzelzähne mit der zygodonten Art eine stärkere Ähnlichkeit erreichen können. Auch möchte ich auf die Tatsache hinweisen, daß die so konservative *turicensis*-Gruppe, dem bisherigen Fundgut zufolge, während des ganzen Miozäns und Unterpliozäns niemals longirostrine, anancoide oder grandincisivoide, wohl aber ebenfalls seit dem Mittelmiozän, *borsoni* — also noch extremer zygodonte Tendenzen erkennen läßt (Neudorf/Spalte, H. ZAPFE 1954, Jugoslawien I. RAKOVEC 1965).

Hierin zeigt sich m. E. eine gewaltige Entfaltungsschranke, die eine artliche Abtrennung des *M. turicensis* von *M. angustidens* gerechtfertigt.

Während im Sinne der neuen, experimentell gut fundierten genetischen Feststellungen von H. LAMPRECHT (1966) alle die innerhalb der beiden *angustidens*-Unterarten (*M. ang. ang.* und *M. ang. tapir.*) auftretenden Variationen und Mutanten als Kombinationen intraspezifischer Gene gut zu deuten sind und für die trinäre Benennung der beiden Formen sprechen würden, muß die vorher aufgezeigte Entfaltungsbarriere genetisch höher gewertet werden.

Sie würde die alte Auffassung von M. VACEK (1877, S. 42), G. SCHLESINGER (1912, S. 129), O. ABEL (1912) und H. MATSUMOTO (1924) bezüglich einer erdgeschichtlich sehr weit, bis in das Obereozän zurückreichenden und sich schon bei den etwas abseits stehenden Moeritherien und den Palaeomastodonten (Phiomia) manifestierenden Aufspaltung des Proboscidier-Genoms in eine bunodonte und zygodonte Entfaltungsreihe nur bekräftigen.

Beide Entfaltungslinien stellen zwei reaktionsfähige, Jahrmillionen durchlaufende, phylogenetisch positive Reihen des Proboscidier-Stockes mit verschiedenen Entfaltungsmöglichkeiten dar, wobei *M. angustidens* mit den beiden Unterarten bloß einer miozänen, *M. longirostris* bzw. *M. arvernensis* je einer pliozänen Verwirklichungsform, Entwicklungsstufe der bunodonten, *M. turicensis* einer solchen miozänen, *M. borsoni* einer pliozänen der zygodonten Entfaltungslinie entspricht.

Daß Bunodontie und Zygodontie keine Ausdrucksform einer Ernährungs- oder Kauweise, sondern eine weltweite (Europa, Amerika, Indien, China) Erscheinung waren, darauf haben schon W. SOERGEL (1921) und dann U. LEHMANN (1950) hingewiesen.

Als eine weltweite Manifestation konnte sie nur genetisch bedingt, evolutiv begründet gewesen sein, wobei bei einwirkenden, auslösenden Umweltreizen die jeweilige Beschaffenheit der individuellen genotypischen Konstitution die richtunggebende Rolle spielte, daher auch das so verwirrend variable Bild der einzelnen Reaktionstypen.

G. SCHLESINGER (1917, S. 65) bezeichnete den langsymphysigen, noch aneinanderliegende Stoßzähne doch schon typische *longirostris*-Molaren besitzenden Unterkiefer aus dem älteren Pannon der Stirling-Sandgrube am Laaerberg bei Wien als der *M. angustidens/longirostris*-Übergangsform angehörend, und dementsprechend müßte auch die Mandibel aus Breitenfeld so bezeichnet werden.

Allein ein fünfjochiger letzter Backenzahn macht noch kein *longirostris*-Gepräge aus, es ist also U. LEHMANN, E. THENIUS und anderen Autoren beizustimmen, solche Typen (Opole, Steinheim, Dachau, Neufreimann, Poysdorf, Simorre, Villefranche d'Astarac usw.) innerhalb des *angustidens*-Artrahmens als progressive Mutanten zu belassen und nicht als Übergangsformen oder gar anderswie zu benennen. Sie sind eine ähnliche Erscheinung wie die sechsjochigen *longirostris*-Molaren und auch unter den Trilophodonten Indiens (*T. chinjiensis*) vorkommend.

Zeigen alle die Backenzähne bezeichnenden *longirostris*-Bau, so ist es entsprechender, Formen, wie den Unterkiefer vom Laaerberg bei Wien oder aus Breitenfeld nicht als Übergangsformen, sondern als *M. longirostris*-Exemplare mit noch urtümlichen anderen Merkmalen zu betrachten, um so mehr, da sie alten Unterpliozänhorizonten entstammen und so den Entfaltungsrhythmus gut widerspiegeln. Bezüglich des Laaerberg-Unterkiefers äußerte schon F. STEININGER (1965, S. 204) ähnliche Gedanken.

Außer dem Unterkiefer wurden in Breitenfeld, wie eingangs angeführt, auch zahlreiche Skeletteile des *M. longirostris* freigelegt. Die meisten sind relativ gut erhalten. Der Atlas (Inv.-Nr. 60.243, Abb. 7—8, Tabelle 2) ist vollständig, und nachdem mir zum Vergleich *M. angustidens*, *M. angustidens/longirostris*, *E. primigenius* und *D. giganteum*-Wirbel zur Verfügung standen, konnte ich interessante Ergebnisse erzielen.

Über die Skelettreste der *M. angustidens/longirostris*-Übergangsform aus dem Unterpannon von Obertiefenbach bei Fehring in der Oststeiermark (Karnerberg-Schotterhorizont, Zone C) berichtete F. BACH (1910) ausführlich. Wie die Tabelle zeigt, stimmt der Atlas aus Obertiefenbach in seinen Maßen gut mit dem aus Breitenfeld überein, ebenso verhält es sich mit den meisten Merkmalen. Der Arcus dorsalis ist bei beiden eine flache Knochenbrücke (37 mm, gegen 35 am Obertiefenbacher), am Breitenfelder Atlas ant.-posterior etwas breiter. Die Alae sind gleich kräftig entwickelt, die beiden Kanäle für den Halsnerv (Foramina alaria) liegen am Breitenfelder Atlas etwas näher zueinander (157 mm) als am Obertiefenbacher Fund (187 mm), und auch der Canalis neuralis ist etwas enger, da die Condylarflächen etwas größer, breiter, vertiefter sind als die der Übergangsform.

Gleich groß sind die Kanäle für die Vertebralarterie bei beiden Individuen, und übereinstimmend ist auch die Ausbildung der stark quergedehnten kaudalen Gelenkflächen, die gleich weit in den Vertebralkanal hineinragen. Gleich geräumig ist auch die Fovea dentis, das Tuberculum ventralis am Obertiefenbacher Atlas etwas stärker entwickelt.

Der Atlas des *M. angustidens* aus dem Obersarmat von Maierdorf bei Gnas in der Oststeiermark ist kleiner-höher (Höhen/Breitenverhältnis 63 gegen 48,6 am Breitenfelder und 46,9 am Obertiefenbacher Exemplar), da der Arcus dorsalis sehr aufgetrieben ist. Seine Höhe beträgt 56 mm gegen 37 bzw. 35 mm bei den beiden *longirostris*-Formen. Die beiden Foramina alaria sind nur 126 mm voneinander entfernt, ihre Mündungen sind in Kranialansicht gut sichtbar, am Breitenfelder und Obertiefenbacher Atlas nicht. Der Canalis vertebralis ist relativ hoch und eng, enger auch der Rückenmarkkanal, so auch die Kanäle für die Vertebralarterie (For. transvers.). Die kaudalen Gelenkflächen sind gerundeter und weniger quergedehnt, den Vertebralkanal weniger beengend als bei *M. longirostris*. Gerundeter ist auch der Arcus ventralis, da das Tuberculum ventralis nur schwach entwickelt ist.

Tabelle 2

(Atlas)

	Breitenfeld mm	M. ang.-long. Obertiefenbach (F. BACH 1910) mm	M. angustidens Maierdorf mm	P. antiquus Riano (A. M. MAC-CAGNO 1962) mm
Breite (mit den Alae atlantes)	434	ca. 426	ca. 346	394—580
Maximalhöhe	211	ca. 200	218	223—285
Max. Abstand zwischen den Außenrändern der Condylarmulden	240	253	210	230—310
Max. Abstand zwischen den Außenrändern der hinteren Gelenkflächen	212	198,7	185	209—265
Maximalbreite einer Fossa condyloidea	94	90	89	80—117
Deren Maximalhöhe	132	117	110	127—154
Maximalbreite einer Facies articularis caudalis	100	101	87	81—109
Deren Maximalhöhe	86	ca. 80	91	110—123
Breite und Höhe des Canalis neuralis	81 × 56	91 × 60	66 × 62	90—110 × 57—68
Breite und Höhe des Canalis vertebralis	68 × 116	65 × 107,6	60 × 110	Höhe: 121—124
Ant.-post. Durchmesser des Arcus dorsalis	101	83	75	110—150
Höhen/Breitenindex	48,6	46,9	63	—

Dasselbe Gepräge zeigt auch der *M. angustidens*-Atlas von BLAINVILLE (P. XIII) abgebildet.

Der Atlas der *angustidens/longirostris*-Übergangsform aus Obertiefenbach ist also ausgesprochen longirostrin, der von J. J. KAUP abgebildete (1835, Taf. XXII, Fig. 1) aus Eppelsheim jedoch in seiner ganzen Form, besonders aber den so bezeichnenden kaudalen Gelenkflächen nach kein *M. longirostris*, sondern *D. giganteum* angehörend.

Bezüglich der rezenten Arten ist der Atlas des afrikanischen Elefanten und dementsprechend auch der des altpleistozänen *P. antiquus* FALC. (A. M. MACCAGNO 1962, Taf. X, Fig. 2a—b) dem Breitenfelder ähnlicher als der des *E. indicus* (maximus).

Auf die von *Mastodon* abweichenden Merkmale des *Dinotherium giganteum*-Atlas komme ich bei der Behandlung der neuen *Dinotherium*-Reste zurück.

Der Epistropheus (Inv.-Nr. 59.926, Abb. 9, Tabelle 3) ist bis auf die Querfortsätze tadellos erhalten. In den meisten Maßen und Merkmalen stimmt er mit dem des *angustidens/longirostris* von Obertiefenbach überein, nur ist der Arcus neuralis der Übergangsform samt Dornfortsatz und den hinteren Zygapophysen kräftiger als am Breitenfelder Wirbel entwickelt, der Processus spinosus auf den Arcus dorsalis des Atlas stärker übergreifend und etwas breiter auch der Rückenmarkkanal, am Breitenfelder Epistropheus dagegen das Corpus breiter.

Größe, Lage und Form der vorderen Gelenkflächen sind dieselben an beiden Wirbeln, von derselben gerundeten, schräg nach oben verlaufenden Gestalt auch der Processus odontoideus, nur am Breitenfelder Epistropheus etwas stärker vorspringend.

Tabelle 3

(Epistropheus)

	Breitenfeld mm	M. ang.-long. Obertiefenbach (F. BACH 1910 und eigene Messung) mm	A. meridionalis Aquila (A. M. MAC-CAGNO 1962) mm	P. antiquus Riano (A. M. MAC-CAGNO 1062) mm
Gesamthöhe	301	293	360	291
Entfernung vom Dens bis zum hinteren Ventralrand	185	184	171	172
Breite zwischen den Außenrändern der cranialen Gelenkflächen	216	211,7	—	—
Höhe und Breite einer Facies articularis cranialis	103 × 100	103 × 102	— × 178	— × 175
Breite zwischen den Außenrändern der Zygapophysen	148,5	163	—	—
Höhe und Breite des Corpus	135 × 168	133,4 × 158	189 × 238	150 × 232
Höhe und Breite des Canalis vertebralis	83 × 56	76 × 66,5	80 × 94	63 × 69
Länge und Höhe des Processus spinosus	120 × 118	138 × 119	167 × —	110 × —

Der Dornfortsatz ist an beiden Halswirbeln durch eine tiefe Furche hinten in zwei wulstige Knochenkämme geteilt, die beiden hinteren Gelenkflächen (Facies articularis caudalis) sind gleich konvex und nach unten-außen gerichtet.

Der Epistropheus der Obertiefenbacher Übergangsform ist demnach gleichfalls longirostrin, während auf die zahlreichen Unterschiede, welche der von J. J. KAUP (1835, Taf. XXII, Fig. 2, 2a—b) abgebildete Epistropheus aufweist, großteils bereits F. BACH (1910, S. 76) hingewiesen hat: sehr breiter, relativ niedriger, dorsal gerade gestutzter Dornfortsatz, flachovaler Canalis vertebralis, hohe vordere Gelenkflächen, spitzer, fast waagrecht vorspringender Processus odontoideus, tiefliegendes Foramen transversarium, sehr große, rundliche, hintere Corpusfläche. Wie der Atlas, gehört auch der von KAUP abgebildete Epistropheus höchstwahrscheinlich nicht *M. longirostris*, sondern *Dinotherium giganteum* an.

Hinsichtlich der rezenten Arten kann auch bezüglich des Epistropheus die größere Übereinstimmung mit dem des afrikanischen Elefanten hervorgehoben werden.

Die weiteren Halswirbeln des *M. longirostris* aus Breitenfeld stimmen mit jenen aus Obertiefenbach ebenfalls überein. Von *D. giganteum* unterscheiden sie sich durch den engeren, rundlichen Vertebralkanal, durch die beschränkteren kranialen, dagegen viel konvexeren kaudalen Gelenkflächen, durch die klobigen, starken Proc. artic. caud., vor allem jedoch durch die, im Gegensatz zu *D. giganteum* viel kleineren Corpusflächen (150 × 135 mm am 3. Halswirbel gegen 185 × 155 mm bei *D. giganteum*).

Die ersten Rückenwirbeln fehlen, der Dornfortsatz der mittleren erreicht eine Länge bis 480 mm (Abb. 10). Es wurde nur ein Lumbalwirbel geborgen, seine Corpusfläche ist flachoval.

Einigen Wirbeln fehlt die Vorderscheibe, das Verschmelzen dieser mit dem Zentrum war noch nicht vollständig.

Das an den Alae beschädigte Sacrum (Inv.-Nr. 59.941, Abb. 11) besteht aus drei Sacralwirbeln. Zwischen den einzelnen Wirbelkörpern ist je eine Linea transversa gut zu sehen. Die Länge des Kreuzbeines maß ich mit 270 mm, die Breite und Höhe der kranialen Corpusfläche mit 130 × 90 mm. Sie ist unregelmäßig viereckig, oben in der Mitte eingedellt und zwischen den Alae ragt sie nur wenig empor. Die Querfortsätze der Wirbeln sind zusammengewachsen, den beiden ersten Wirbeln fehlt der Dornfortsatz. Die ventralen Foramina sacralia sind geräumig, der 4. Sacralwirbel fehlt.

Zahlreiche Rippenfragmente, jedoch nur wenige vollständige kamen zutage. Die vorderen Rippen (Abb. 12) sind 630 bis 760 mm lang, distal 100—137 mm breit. Die mittleren Rippen fand ich mit einer Länge von 120—127 cm vor.

Von den beiden Schulterblättern ist die Scapula dext. (Inv. Nr.-59.920, Abb. 13) 820 mm hoch gegen 1090—1300 mm bei *E. meridionalis* und 500—800 mm beim Mammut (A. M. MACCAGNO 1962, L. M. R. RUTTEN 1909). Es ist nicht uninteressant zu erwähnen, daß Scapulahöhen von 850 mm schon für das miozäne „kleine" *Dinotherium bavaricum* angegeben werden (R. DEHM 1949, S. 6).

Die Spina scapulae ist distal breit, doch beschädigt, das Acromion weggebrochen. Beschädigt ist auch die praescapulare Fläche, die postscapulare dreieckig, breitflächig, ihr flachbogiger vertebraler Rand bis zum Angulus thoracicus 640 mm lang, die Flächenbreite von der Spina bis hierher 440 mm.

Dem Mammut und den rezenten Elefanten gegenüber fällt das lange, gut abgesetzte Collum auf, mit einer antero-posterioren Breite von 218 mm.

Der Hinterrand (Margo thoracicus) der postscapularen Fläche ist im Vergleich zu Mammut und den beiden rezenten Arten viel länger, der Oberrand der Breitenfelder Scapula fällt nicht so steil ab und reicht nicht so tief wie bei den ersteren Formen.

Der vom Vertebral- und Thorakalrand gebildete Angulus liegt an den Mammut- und Elefantenscapulae sehr tief, am Breitenfelder Schulterblatt viel höher, etwa in der Mittellinie der Spina, stellt also ein auffallendes Unterscheidungsmerkmal dar.

Die Cavitas glenoidalis ist mäßig tief, langoval, 198 × 134 mm, der Processus coronoideus beschädigt.

Ein distales Scapulabruchstück des *Dinotherium giganteum* von Hausmannstetten bei Graz besitzt eine weit größere, 225 × 160 mm messende, gerundet viereckige, mäßig tiefe Gelenkfläche*.

Von *M. angustidens* standen mir leider nur sehr fragmentarische Stücke zur Verfügung, diese Scapulae scheinen gedrungener gestaltet, ihr Collum kürzer als am vorliegenden *longirostris*-Exemplar gewesen zu sein.

Der Humerus dext. (Inv.-Nr. 59.921, Abb. 14) ist vollständig erhalten, dagegen die proximale Hälfte des linken Oberarmknochens durch Bodendruck stark deformiert und die Knochenfläche korrodiert.

Wie schon bei manchen Wirbelkörpern, ist auch am Humerus die Koossifikation noch nicht abgeschlossen, die distale Epiphysennaht teils noch offen, mit der Diaphyse noch nicht ganz verwachsen, weshalb die Angaben von O. ABEL (1928, S. 488) bezüglich der rezenten Elefanten betrachtend, das *longirostris*-Exemplar von Breitenfeld kaum 20 Jahre alt gewesen sein dürfte.

Der Humerus ist sehr kräftig gebaut, 910 mm lang. Sein antero-posteriorer proximaler Durchmesser beträgt 310 mm, sein medio-lateraler 290 mm. Stark entwickelt ist auch der Trochanter majus, er überragt jedoch nicht sehr den großen, gut gewölbten, breitovalen Gelenkkopf, dessen Durchmesser 200 × 170 mm beträgt.

Die nach außen gerichtete Crista deltoidea ist wulstig, die ganze Insertionsfläche des Muskelpaketes mächtig entwickelt, langflächig. Die Diaphysenbreite mißt hier 204 mm. Die Fossa coronoidea und die Fossa olecrani sind breit und tief, die Distalbreite des Oberarmknochens habe ich mit 296 mm gemessen.

---

* Auch sind die *Dinotherium*-Scapulae verschieden proportioniert (F. M. BERGOUNIOUX-F. CROUZEL 1962, Fig. 2 A).

Der Entepicondylus ist stark, der Ectepicondylus schwächer ausgebildet. Die von hier nach oben ziehende Crista epicondyli lateralis ist kräftig entfaltet, vom Trochlearand entfernt erst in einer Höhe von 243 mm endend. Die Breite des Humerus habe ich hier mit 226 mm gefunden.

Die Trochlearolle ist gut eingesattelt, ihre Breite beträgt 233 mm. Ihre mediale, ulnare Gelenkfläche ist tief nach hinten reichend, die laterale, radiale viel beschränkter. Der antero-posteriore Durchmesser der ersteren mißt 175 mm, der der letzteren 137 mm.

Die mir zum Vergleich stehenden *angustidens*-Humeri sind nur Fragmente, schlanker gebaut und kleiner als die vorliegenden. Die Distalbreite eines starken sarmatischen Exemplars beträgt 243 mm, die Breite bei der Crista epicondyli lateralis 179 mm, die Trochleabreite 214 mm, der antero-posteriore Durchmesser der ulnaren Gelenkfläche 140 mm, der der radialen 109 mm.

Ausländische *angustidens*-Funde zeigen ein starkes Variieren bezüglich der Deltoidpartie und der Crista epicondyli lateralis, sonst eine dem vorliegenden Humerus ähnliche Gestaltung.

G. SCHLESINGER (1917, S. 209) gibt die Humeruslänge des *M. pentelici* von Samos mit etwa 858 mm(!) an, sie war also nur wenig geringer als die des Breitenfelder Tieres, mit einer ähnlich starken Deltaleiste und einer Trochleabreite von 190—262 mm, die der vorliegenden Humeri also noch übertreffend!

Der Oberarmknochen der pleistozänen Elefanten wirkt viel schlanker, da er i. D. länger (*E. primigenius* 830—1270 mm, *P. antiquus* 840—1400 mm) und in der Diaphyse schmäler ist. Noch schlanker erscheinen die Humeri der rezenten Arten, von welchen in den allgemeinen Proportionen der Humerus des afrikanischen Elefanten wiederum die größere Übereinstimmung mit dem aus Breitenfeld aufweist.

Die von J. J. KAUP (1835, Tab. XXII, Fig. 3, 3a) abgebildeten *Mastodon*-Humeri sind leider keine guten Wiedergaben. Sie sind sehr gedrungen, kräftig gebaut, mit einer Länge von 1160 mm. Für ein schlankeres Exemplar (Fig. 4) gibt KAUP eine größte Distalbreite von 301 mm an. Ihre Zugehörigkeit zu *M. longirostris* ist nicht sicher*.

Die Oberarmknochen des *Dinotherium giganteum* sind in der Diaphyse schlanker als die vorliegenden aus Breitenfeld, auch proportionell abweichend gebaut, was auch für die Ulnae gilt.

Beide Ulnae sind vollständig. Die abgebildete rechte Elle (Inv.-Nr. 59.922, Abb. 15) zeigt den kräftigen Bau des Knochens recht gut. Ihre größte Länge beträgt 883 mm, der antero-posteriore Durchmesser des Olecranons 218 mm. Der Processus coronoideus springt schnabelförmig über der Cavitas sigmoidea major vor, die medio-lateral sehr gedehnt (233 mm) und ihr medialer Umriß (Facies articularis interna) breit-gerundet ist, entsprechend der sehr gedehnten medialen Trochleafläche des Humerus. Die Facies articularis externa ist schmal, zungenförmig. Höhe der Cavitas sigmoidea major: 174 mm.

Auf der inneren Seite des Schaftes befindet sich proximal eine sehr geprägte Konkavität als Ansatzstelle für die Flexoren und Pronatoren. Die Gelenkfläche für den Radius ist schmal und lang, die Fossa radii breit und relativ seicht.

Von der Cavitas sigmoidea major zieht medial und lateral je ein wulstiger Knochenkiel schaftabwärts bis zur distalen Epiphyse, in ihrer Mitte eine flache Mulde begrenzend. Der antero-posteriore Diaphysendurchmesser beträgt in der Schaftmitte 108 mm, der Querdurchmesser hier 118 mm.

Das Distalende der Elle ist ebenfalls sehr klobig, antero-posterior 193 mm breit. Die Anliegefläche für den Radius ist länglich, queroval und darunter, parallelgerichtet, befindet sich die schmalovale Gelenkfläche für das Intermedium (Lunare). Lateral davon dehnt sich die große, nur wenig konkave Fläche zur Gelenkung mit dem Ulnare aus.

---

* Fig. 3a in der sehr gedrungenen Distalpartie und niedrigen Epicondylarcrista eher *Dinotherium*-artig.

Die mir zur Verfügung stehenden Vergleichsulnae sind leider fragmentarisch. Die größte Breite der Cavitas sigmoidea major der Elle des *M. angustidens* aus dem Mittelmiozän von Wien-Dornbach beträgt 213 mm, also nur etwas weniger als an der vorliegenden Ulna und auch morphologisch besteht gute Übereinstimmung. Auch die Diaphysendurchmesser differieren nur wenig (105 × 122 mm am Dornbacher Fund).

Das Ellenfragment des *M. angustidens* aus dem Obersarmat von Maierdorf bei Gnas in der Oststeiermark gehörte einem schwächeren Tier als die Breitenfelder Ulna an, mit einer ovaleren Facies interna der Cavitas sigmoidea major, wie das auch ausländischen *angustidens* Ulnae eigen ist.

Ein *M. longirostris*-Ulnafragment aus Maragha ist etwas stärker als die Breitenfelder Ulnae, indem seine Diaphysenwerte 130 × 130 mm, die größte Breite der Cavitas sigmoidea major 237 mm ausmachen.

Das Olecranon einer Ulna des *M. longirostris/arvernensis* aus Mannersdorf bei Angern, Niederösterreich, ist schlanker-länger (antero-posteriorer Durchmesser 208 mm), die größte Breite der Cavitas sigmoidea major (230 mm) mit der der vorliegenden Elle übereinstimmend, die Diaphyse dagegen stärker (142 × 150 mm) gebaut.

J. J. KAUP (1835) teilt für das auf Taf. XXII, Fig. 5, abgebildete *M. longirostris*-Ulnabruchstück eine Länge von 940 mm, eine größte Cavitasbreite von 264 mm mit. Die größte Länge des Fundes würde etwa 1230 mm betragen, also mehr als die des Breitenfelder *longirostris*, starken *E. meridionalis*-Typen entsprechend (A. M. MACCAGNO 1962). Obwohl mir keine *longirostris*-Grenzwerte vorliegen, müßte auch in diesem Falle geprüft werden, ob die Ulna von Eppelsheim nicht vielleicht ebenfalls *Dinotherium giganteum* angehört.

An den Mammut-Ulnae fällt, im Vergleich mit den vorliegenden aus Breitenfeld, die offenere Cavitas sigmoidea major, das niedrigere Olecranon, die im allgemeinen engere-tiefere Fossa radii und die massigere Diaphyse auf.

Die Ellen der beiden rezenten Elefanten sind im allgemeinen bedeutend schlanker, das Olecranon der Ulna des indischen Elefanten sehr stark entwickelt und hoch hinaufragend. In der allgemeinen Morphologie herrscht mit *L. africana* mehr Ähnlichkeit vor.

Vom *M. longirostris*-Exemplar aus Breitenfeld liegen auch die beiden gut erhaltenen Speichen vor. Abb. 16 zeigt den rechten Radius (Inv.-Nr. 59.923) mit einer Länge von 810 mm. Die Gelenkfläche des Caput radii ist länglich-dreieckig (122 × 83 mm) mit der Schmalfläche nach außen, hier etwas vertieft, dagegen die breitere Innenfläche, der Trochlea-Einsattelung entsprechend konvex bzw. abfallend. Der ulnare Rand des Caput ist von statk bogigem Verlauf, die Gelenkflächen für die Cavitas sigmoidea minor der Elle gut geprägt.

Die in die Fossa radii der Elle passende Tuberositas radii ist stark entfaltet, das Collum gegen den Schaft nur wenig abgeknickt. Der Schaft ist platt und leicht gekrümmt, seine Durchmesser betragen 92 × 46 mm, alle die Muskelansatzstellen sind rauh und vertieft. Dem Distalende zu verbreitert sich der Schaft, den größten Durchmesser der distalen Epiphyse fand ich mit 180 mm, die Epiphysennaht ist teils noch offen.

Die Hinterseite der unteren Schafthälfte nimmt eine breite Muskelrinne ein, die distal von einer querovalen (70 × 40 mm) Gelenkfläche begrenzt wird, die mit der gleichartigen Fläche am Distalende der Ulna artikuliert.

Die Facies articularis carpica hat einen größten Durchmesser von 142 mm, der Querdurchmesser ist geringer, 112 mm. Die Gelenkfläche läßt die große, etwas vertiefte Facies für das Intermedium (Lunare) und die kleinere, gewölbte für das Radiale (Scaphoideum) erkennen.

In der stärkeren Krümmung des Schaftes und in der Form der proximalen Gelenkfläche gleicht *L. africana* unserem Fund vielmehr als der Radius des indischen Elefanten.

Von den Carpalknochen konnte das rechte **Intermedium** (Lunare) und das rechte **Magnum** (Capitatum) geborgen werden, beide in tadellosem Zustand, weder deformiert noch abgerollt oder korrodiert. Indem mir ein entsprechendes Vergleichsmaterial vorliegt,

Tabelle 4
(Carpalia)

		Breitenfeld mm	M. angustidens Feisternitz mm	M. pentelici Samos (G. SCHLESINGER 1917, XXXIV, 3—4) mm	? M. longirostris Eppelsheim (J. J. KAUP 1835) mm	P. antiquus Riano (A.M.MACCAGNO 1962) mm
Lunare	Größter proximaler, ant.-post. Durchmesser	147	94	—	114	160
	Breite des oberen Frontalrandes	139,5	ca. 96	164, 96	101	140
	Breite des unteren Frontalrandes	121	96	152, 98	—	140
	Höhe frontal	79	58	86, 54	67	70
Magnum	Größter proximaler, ant.-post. Durchmesser	119,2	82,5	—	—	120
	Breite des oberen Frontalrandes	86,5	64,2	94, 72	—	120
	Breite des unteren Frontalrandes	73	70	76, 58	—	85
	Höhe frontal	76	54,2	80, 64	—	90

ist eine nähere Untersuchung der beiden zusammenpassenden Carpalknochen aufschlußreich. Die Maße der beiden Handwurzelknochen beinhaltet Tabelle 4.

Das Intermedium (Inv.-Nr. 60.237, Abb. 17, 17a) ist in der Vorderansicht unregelmäßig rechteckig, in Oben- und Untenansicht gerundet dreikantig. Der obere Frontalrand ist in der Mitte eingesattelt, vertieft, da hier sich die dorsale, mit dem Radius artikulierende, breite, gewölbte Fläche nach abwärts biegt. Nach lateral anschließend befindet sich eine schräge, länglich dreikantige Fazette, die mit einer entsprechenden Gelenkfazette der Ulna artikuliert und am Bild gut zu sehen ist. Die hintere Partie der proximalen Gelenkfläche ist schwach konkav.

Die Lateralseite des Lunare zeigt unter der Gelenkfazette für die Ulna eine quer verlaufende markante Vertiefung und darunter die langschmale für das Ulnare (Cuneiforme oder Triquetrum) dienende Gelenkfazette. Auf der Innenseite des Lunare sind die beiden Gelenkflächen für das Radiale zu sehen, die obere lang und sehr schmal, die untere kurz und oval, zwischen den beiden eine breite, tiefe Aushöhlung.

Die schmale Hinterseite des Lunare ist stark gewölbt, die Unterseite in ihrer vorderen Hälfte leicht konvex, hinten konkav.

Bei passendem Aufliegen auf das Magnum ergibt sich, daß der letztere Carpalknochen in Vorderansicht vom Lunare vollständig überdeckt wird. Eine kleine Distalfläche des Lunare vorn-außen greift auch auf das Unciforme über. Nach innen überragte das Lunare das Trapezoid, doch nicht bis zu dessen Hälfte, wie das G. SCHLESINGER (1912, S. 120) für *M. angustidens*, *M. pentelici* (1917, S. 210) und A. WEITHOFER (1891) für *M. arvernensis* angeben, sondern etwas weniger.

Der Karpus des *M. longirostris* aus Breitenfeld war also, wie der des *M. angustidens*, ausgesprochen aserial.

Das Magnum (Capitatum), Inv.-Nr. 59.937, Abb. 17, ist in Oberansicht ein länglich viereckiger bzw. fünfkantiger, von vorn ein fast quadratischer, nur wenig breiter als hoher Knochen, dessen proximale Gelenkfläche vorn etwas konkav, hinten jedoch stark konvex ist und sich hier bis $1/3$ der Corphushöhe nach abwärts biegt der Distalflächengestaltung des Lunare entsprechend, während dem Trapezoid zu die Fläche spitz, ausgezogen erscheint.

Die mit dem Unciforme (Hamatum) artikulierende Lateralfläche ist senkrecht, glatt, fast die ganze Seitenfläche einnehmend, durch eine tiefe Ligamentgrube nur im unteren, hinteren Teil unterbrochen. Fast die ganze vordere Hälfte der Innenfläche nimmt die schwach konkave Fazette für das Trapezoid ein, die sich proximal bis zur Hinterwand des Magnum erstreckt, eine unregelmäßige, zentrale Ligamentgrube umgebend, die distal von der schmalen, schrägen, antero-posterior gerichteten, mit der entsprechenden proximo-lateralen Gelenkfläche des Metacarpale II artikulierenden Fazette begrenzt wird. Die zur Artikulation mit dem Metacarpale III dienende Distalfläche ist antero-posterior sehr gedehnt, länglich viereckig, vorn etwas breiter, doch relativ schmal und nur gering vertieft. Der Höcker an der hinteren Unterseite des Magnum ist mäßig stark entfaltet.

Einen durch Bodendruck zwar etwas deformierten, aber fast vollständigen Karpus des miozänen *M. angustidens* aus dem Kohlegebiet von Feisternitz bei Eibiswald, SW-Steiermark, beschrieb F. BACH (1910, S. 98—102).

G. SCHLESINGER (1912, S. 118—121) gelang es später, die einzelnen Carpalknochen soweit freizubekommen, daß er die richtige aseriale Anordnung der Carpalelemente nachweisen konnte.

Vergleicht man das *M. longirostris*-Lunare aus Breitenfeld mit dem des *M. angustidens* aus dem Mittelmiozän von Feisternitz, die durch Bodendruck verursachten Deformierungen des letzteren Fundes berücksichtigend, so ergibt sich in Vorder- und Obenansicht eine große Ähnlichkeit, nur ist das *angustidens*-Lunare bedeutend kleiner. Die Lateralseite zeigt beim *angustidens*-Exemplar eine antero-posterior kürzere Fazette für das Ulnare, die Innenseite eine proximale schwächere und eine distale länglichere Fazette für das Radiale als am vorliegenden *longirostris*-Lunare. Geringe Unterschiede bestehen auch bezüglich der Distalflächen.

Das Magnum des *angustidens* aus Feisternitz ist gleichfalls gut kleiner als das aus Breitenfeld, auch antero-posterior kürzer, doch ebenfalls nur wenig breiter als hoch, wie das für das Magnum der meisten *angustidens*-Exemplare zutrifft, doch kommen auch noch ursprünglichere, *Palaeomastodon* gleichende, d. h. höher als breite Stücke vor (R. N. WEGNER 1913).

In Oberansicht fällt der bedeutend stärker eingeschnürte Innenrand des Feisternitzer Magnum auf, auf dessen distaler Innenseite die vertikal gedehntere Gelenksfazette für das Mc II, auf der Außenseite des Knochens die viel tiefer reichende, bei *M. angustidens* im allgemeinen sehr variierende (R. N. WEGNER 1913, S. 262) Fazette für das Unciforme und das Fehlen hier des hinteren, tiefen Sulcus. Die Distalfläche des Feisternitzer *angustidens*-Magnum ist antero-posterior ebenfalls kürzer.

Wie schon oben erwähnt, überlagerte das Lunare des *M. angustidens* stärker das Trapezoid als das beim vorliegenden *M. longirostris* der Fall ist, wogegen der *longirostris*-Karpus aus Breitenfeld das Übergreifen des Lunare auf das Unciforme in einem etwas stärkeren Grad als am *angustidens*-Karpus zeigt, nach G. SCHLESINGER (1917, S. 211) ein ursprünglicheres, schon *Palaeomastodon* kennzeichnendes Merkmal (M. SCHLOSSER 1910), das auch *M. pentelici* aus Samos (G. SCHLESINGER 1917, Taf. 34, Abb. 3) bezeichnet, aber auch noch bei *M. arvernensis* (K. A. WEITHOFER 1891, Taf. XV), sogar bei rezenten jugendlichen afrikanischen Elefanten aufscheint (C. DECHASEAUX in J. PIVETEAU 1958, Fig. 7).

Bei *E. meridionalis* ist die seriale Lagerung des Karpus außen fast schon erreicht, während der von A. M. MACCAGNO (1962, Taf. XIII, Fig. 1a) abgebildete Karpus des *P. antiquus* aus Riano/Roma noch ein leichtes Übergreifen des Lunare auf das Unciforme zeigt.

J. J. KAUP (1835, S. 87) erwähnt aus Eppelsheim ein *longirostris*-Lunare, bildet es jedoch nicht ab, den angegebenen Maßen nach ist es auffallend schmäler und niedriger als das aus Breitenfeld.

Von den rezenten Arten stimmt der Karpus des afrikanischen Elefanten mehr mit den Carpalknochen aus Breitenfeld überein, als der des indischen Elefanten. Ein von BLAINVILLE (Pl. V) und O. ABEL (in M. WEBER 1928, Fig. 280) abgebildeter Karpus zeigt zwar kein Übergreifen mehr des Lunare auf das Unciforme, wohl aber noch auf das Trapezoid, und gegenüber dem indischen Elefanten ist auch das medio-distale innige Artikulieren des Magnum mit dem Mc II bezeichnend, wie das auch das *longirostris*-Magnum aus Breitenfeld aufweist, aber auch schon *M. angustidens* und auch *Palaeomastodon* (O. ABEL 1928, Fig. 294) kennzeichnet.

Der von A. M. MACCAGNO (1962) gebrachte *P. antiquus*-Karpus zeigt diese Gelenkung nicht, der von M. PAVLOW (in SCHLESINGER 1912, Fig. 9) gezeichnete jedoch eindeutig, ebenso das Magnum des altpleistozänen *E. meridionalis*, an dem die Artikulationsfläche für das Mc II mehr nach unten sieht (K. A. WEITHOFER 1891, R. N. WEGNER 1913).

Leider kamen in Breitenfeld keine weiteren Carpalknochen zum Vorschein, so auch nur ein einziges Metacarpale. Phalangen wurden überhaupt nicht gefunden.

Die größte Länge des Metacarpale IV dext. (Inv.-Nr. 60.239, Abb. 18) beträgt lateral 144 mm, innen 137 mm, die proximale Frontalbreite 71 mm, die Diaphysenbreite 59 mm (ant.-post. 44 mm), die Breite der distalen Gelenkrolle 68 mm (ant.-post. 60 mm), der größte antero-posteriore Durchmesser der proximalen, dem Unciforme dienenden, nur gering konvexen Gelenkfläche 85 mm. Die Fläche ist länglich dreieckig, die Fazette zur Gelenkung mit dem Mc III halbkreisförmig und fast senkrecht gestellt, die für das Mc V langoval. Das distale Gelenkende ist walzenförmig, kräftig, stark auf die Hinterseite des Knochens hinaufreichend und hier in der Mitte mit einem Knochenkiel versehen.

Das Mc IV des *angustidens*-Karpus aus Feisternitz bei Eibiswald ist medial 125 mm lang, der größte antero-posteriore Durchmesser der proximalen Gelenkfläche 71 mm, deren Frontalbreite 69,5 mm. Da dieser Metacarpalknochen ab seines Schaftes ant.-post. plattgedrückt wurde, können keine weiteren Maße genommen werden. Den *longirostris*-Mc IV aus Breitenfeld mit diesem Metacarpalknochen vergleichend fallen am ersteren die lateral stärkere Ausdehnung der proximalen Gelenkfläche, dagegen die viel kürzeren Fazetten für das Mc III und Mc V auf, welch letztere am *angustidens*-Mc fast bis zum Hinterrand des Knochens reichen. Die für das Mc III dienende lang-schmale Fläche ist am *angustidens*-Mc IV im Gegensatz zum Breitenfelder, nur sehr gering geneigt, also *E. antiquus* ähnlich (J. K. MELENTIS 1963).

Den beiden aus Breitenfeld vorliegenden Femora fehlt die proximale Epiphyse. Die Länge des Femur sin. (Inv.-Nr. 60.246, Abb. 19) beträgt 1070 mm, die Gesamtlänge wäre etwa 1140 mm. Beide Femora sind sehr kräftig gebaut, antero-posterior stark abgeplattet, daher sehr breit wirkend.

Das Caput war stark vorspringend, etwas nach vorn gedreht. Die proximale Breite macht 350 mm aus, die Diaphysenbreite 180 mm, die Dicke hier 95 mm. Das Collum ist breit und abgeplattet, die Fossa trochanterica seicht. Leicht vertieft ist auch die zwischen Collum und Trochanter befindliche Vorderfläche.

Rauhe, wulstige Muskelansatzstellen ziehen vom Collum medial bis zur Schaftmitte und vom großen Trochanter lateral, der glutaeus-Gruppe entsprechend, tief distalwärts. Der Lateralrand der Diaphyse ist ausgebuchtet.

Sehr massig wirkt auch das Distalende der Femora mit einer Maximalbreite von 266 mm und einer Dicke von 220 mm. Der Entepicondylus ist stärker als der Ectepicondylus, die zwischen diesen kaudal liegende Fossa poplitea sehr tief. Die tibialen Gelenkflächen reichen hinten weit hinauf, der Condylus medialis ist etwas stärker als der Condylus lateralis entwickelt, wie das im allgemeinen auch für *M. angustidens*, aber auch für *M. arvernensis* (CH. DEPEÉRET 1890, S. 65) charakteristisch ist. Die Fossa intercondyloidea ist sehr eng, die Breite der Facies patellaris 112 mm.

Das Femur des *M. angustidens* aus Wien-Dornbach (G. SCHLESINGER 1917, Taf. VII, Fig. 1) gleicht sehr dem vorliegenden, nur ist es gut kleiner und in seiner proximalen Hälfte etwas schlanker, wie auch der Oberschenkelknochen aus Simorre, indem seine Gesamtlänge 820 mm, seine Diaphysenbreite und -dicke 142 bzw. 74 mm betragen. Schon G. SCHLESINGER

Tabelle 5

(Calcaneus)

	M. longirostris KAUP	
	Breitenfeld mm	Eppelsheim mm
Größte Länge	222	—
Größte Breite	171	—
Länge und Breite der großen Talus-Fazette	110 × 61	81 × 68
Länge und Breite der sustentacularen Talus-Fazette	75 × 45	—
Länge und Breite der fibularen Gelenkfläche	86 × 58	76 × 38
Länge und Breite der navicularen Fazette	24 × 45	—
Länge und Breite der cuboidalen Gelenkfläche	66 × 91	66 × 123
Abstand vom Hinterrand der großen Talus-Fazette zum Kaudalrand des Tuber calcanei	120	98
Höhe und Breite des Tuber	94, 103	88, —

hebt die antero-posteriore Abplattung des Femurs hervor, die sich auch noch bei *M. arvernensis* (CH. DEPÉRET 1890) wiederfindet.

Ähnlich gestaltet sind manche Mammut-Femora, andere wieder im Schaft rundlicher, während die des *E. antiquus* und der rezenten Elefanten weit schlanker und rundlicher gebaut um so mehr, da A. M. MACCAGNO (1962) bei gut geringerer Diaphysenbreite die Variationsbreite der Waldelefanten-Femoralängen (Riano, Roma) mit 1290—1545 mm angibt.

Der Lateralrand dieser Diaphysen ist gerade oder konkav, wie auch bei *Dinotherium*.

Das Femur des indischen Elefanten fällt durch sein langes, steiles Collum auf.

Der aus Breitenfeld vorliegende Calcaneus (Inv. Nr. 59.935, Abb. 20) und Talus dext. (Inv.-Nr. 59.936, Abb. 21) passen tadellos zusammen, beide sind vollständig erhalten.

Das Fersenbein ist sehr robust, gedrungen gebaut, seine Meßwerte in der Tabelle 5 gegeben. Sehr kräftig entfaltet ist auch das mehr nach innen verbreiterte Tuber.

Die große Talus-Fazette stellt ein etwas nach innen verbogenes, nur wenig vertieftes Langoval dar, das distal nahe zum cuboidalen Rand endet. Lateral schließt sich unmittelbar daran die mäßig konvexe, etwas ebenfalls nach innen gebogene, gerundet viereckige, mit der Fibula gelenkende Fazette. Durch einen schmalen, nur distal tiefen und von mehreren Foramina nutricia durchlöcherten Sulcus von der großen Talus-Fazette getrennt, folgt medial die kleine Talus-Fazette, die, kaum gewölbt, sich fast auf das ganze Sustentaculum erstreckt. Eine gerundet spitzwinkelige, mit der Spitze nach hinten gerichtete, dreieckige Fazette, die vorne von der senkrechten, dreikantigen, mit dem Naviculare gelenkenden kleinen Fazette begrenzt wird. Die Abb. 20 zeigt diese Gestaltungen recht gut.

Die große distale, mit dem Cuboideum artikulierende Fazette ist nahezu halbkreisförmig, hinten durch einen kräftigen Plantarhöcker umrahmt. Die ganze Hinterfläche des Calcaneus ist von zahlreichen Nährlöchern durchsetzt.

Vergleicht man das Fersenbein mit dem des *M. angustidens*, so ergibt sich zwischen beiden eine große Ähnlichkeit, nur ist am *angustidens*-Calcaneus die große Talus-Fazette medio-lateral etwas schmäler-vertiefter, auch die fibulare Fazette schmäler, so auch die sustentaculare Talus-Fazette, die außerdem proximo-distal auch gestreckter erscheint.

Der von J. J. KAUP (1835, Taf. XXII, Fig. 10) abgebildete Calcaneus dext. hat eine stärker quergestellte und sich nach medial rascher verjüngende große Talus-Fazette. Die sustentaculare Talus-Fläche ist medial etwas schmäler, nach lateral-distal etwas gestreckter, die fibulare Fazette nicht viereckig wie am Breitenfelder Fersenbein, sondern nach kaudal sich stark verjüngend, in Lateralansicht der ganze Knochen etwas kürzer, am Breitenfelder der Proc. calcanei länger-schlanker. Auffallend ist am Eppelsheimer Fersenbein die starke medio-laterale Ausdehnung der cuboidalen Fazette.

Eine große Übereinstimmung kann auch im Vergleich mit den Mammut-Calcanei festgestellt werden, während solche des rezenten indischen Elefanten stark differieren, indem ihre große Talus-Fazette nach medial fast nicht verbogen, die sustentaculare dreieckige Fläche ganz entgegengesetzt gerichtet und von der großen Fazette durch einen gleichmäßig tiefen Graben getrennt ist.

Der größte antero-posteriore und Querdurchmesser des Talus betragen 139 bzw. 152 mm, die der Trochlea tali 114 bzw. 111 mm. Die größte Dicke erreicht 90 mm. Die Trochlea ist einheitlich, antero-posterior stärker gewölbt, im Umriß fast quadratisch, der mediale Rand für den Malleolus tibiae fast senkrecht abgeknickt. Darunter befindet sich eine tiefe Ligamentgrube.

Der kaudo-laterale Rand ist schräggestellt, davor befindet sich die seichtere Grube für das Talo-Fibular-Ligament. Das sich der Trochlea medial anschließende Tuber ist gut geprägt, mit mehreren großen Nährlöchern durchbohrt. Der kaudale Talusrand ist etwas konkav, der Vorderrand dagegen stark konvex und durch die medio-lateral 120 mm breite naviculare Fazette gebildet. Der antero-posteriore Durchmesser deren beträgt 75 mm.

Die kleine Calcaneus-Fazette auf der Unterseite des Talus ist mäßig vertieft, in ihrer Form und in ihren Maßen spiegelbildlich der kleinen Talus-Fazette des Calcaneus entsprechend, während die große Calcaneus-Fazette lateral-kaudal etwas quergedehnter (71 mm) als die entsprechende Talus-Fläche des Fersenbeins erscheint. Zwischen den beiden Gelenkflächen befindet sich eine sehr tiefe, durchlaufende Ligamentgrube, wie bei *E. meridionalis*. *Meridionalis*-ähnlich ist auch die innere, kleine Calcaneus-Fazette, bei *E. antiquus* dagegen typisch nierenförmig (J. K. MELENTIS 1963, Taf. XII).

Rein metrisch betrachtet stehen *M. arvernensis*-Tali dem Sprungbein aus Breitenfeld nahe (K. A. WEITHOFER 1891, J. VIRET 1954). Die Trochlea der Elefantiden weist eine geringe Einsattelung und eine vorn-lateral beschränktere Längsausdehnung auf, durch welch letztere Gestaltung es zu einer geprägteren Collum-Bildung kommt, während bezüglich des vorliegenden Sprungbeines von einem Collum nicht gesprochen werden kann.

Bringt man den Calcaneus und Talus aus Breitenfeld in eine dem von A. M. MACCAGNO (1962, Taf. XV 1b) abgebildeten *E. antiquus*-Tarsus entsprechende Stellung, so fällt bei letzterem die fast waagrechte Lage der navicularen Fazette des Talus und die dadurch hervorgerufene steilere Stellung der Metatarsalia auf, während diese Gelenkfläche am Breitenfelder Talus eine schrägere Stellung einnimmt, was auf weniger steil gerichtete Metapodien folgern läßt.

B. Kornberg

Wie eingangs erwähnt, kamen aus der Sandgrube Dietl in Dörfl bei Kornberg bei Feldbach in der Oststeiermark ein *Mastodon*-Schädel samt Unterkiefer und die linke Beckenhälfte desselben Tieres zum Vorschein. Alle diese Funde sind die bisher vollständigsten dieser Art in Österreich.

Während der Unterkiefer und die Beckenhälfte gut erhalten waren, haben Sedimentstauchungen den Schädel in Mitleidenschaft gezogen und seine linke Hälfte nach hinten verschoben, wobei das Jugale des rechten Jochbogens verlorenging. Auch fehlt dem Schädel

Tabelle 6

(Cranium)

	Kornberg O-Stmk. mm	*M. angustidens-longirostris* Obertiefenbach O-Stmk. mm	*M. curvirostris (longirostris)* Esselborn (BERGOUNIOUX-CROUZEL 1960) mm
Länge vom I²-Alveolarrand bis zum Hinterrand der Condyli occip.	1050	—	—
Länge vom I²-Alveolarrand bis zum Supraoccipitale (Profillänge)	1150	—	—
Länge vom Vorderrand der Orbita bis zum I²-Alveolarrand	520	—	—
Länge vom Proc. postorb. front. bis zum I²-Alveoarrand	630	—	—
Backenzahnlänge (M²⁻³)	323	332	—
Hinterhaupthöhe (bis zum For. magnum) und Breite	460, 780	—	—
Höhe vom Occiput zum Unterrand der Condyli occip.	520	—	—
Höhe vom Occiput zum Alveolarrand des M³	630	—	—
Höhe und Breite des For. magnum	92 × 82	—	—
Länge und Breite der Condyli occipitales	140 × 102	—	—
Stirnbreite (zwischen den Proc. postorb. front.)	830	ca. 680	—
Jochbogenbreite	ca. 870	—	—
Infraorbitalbreite	433	ca. 340	360
Größte Gaumenbreite (innen gemessen)	139	110	—
Schädelenge (Temporalisenge)	320	—	—
Durchmesser der Fossa glenoidea für den Cond. mand.	180	—	—
Abstand vom Proc. postorb. bis Mitte des Meatus audit. externus	420	—	—
Orbita-Durchmesser (vom Proc. postorb. zum Vorderrand der Orbita)	130	110	—
Länge der Prämaxillargrube	600	600	600
Deren vordere und hintere Breite	240, 125	200, 70	180, 70
Breite der Prämaxillaria (bei den Alveolarrändern der I²)	442	ca. 380	420
Abstand zwischen den I² an deren Basis und Spitze	156, —	—	—
Transversaler und vertikaler Durchmesser der I²-Alveolen	140 × 130	109 × 94	100 × 120

M. longirostris Maragha (SCHLE-SINGER 1917) mm	M. longirostris-arvernensis Hohenwarth (ZAPFE 1957) mm	M. arvernensis Arnotal (WEITHOFER 1891) mm	M. osborni N-Amerika (VAUFREY 1958) mm	E. meridionalis „Aquila" (MACCAGNO 1962) mm	E. antiquus Riano/Roma (MACCAGNO 1962) mm
—	—	—	940	—	1030—1105
—	—	—	—	—	—
—	—	—	—	—	—
—	—	—	—	—	—
—	—	—	—	—	—
—	—	—	—	—	—
—	—	—	508	650—750	460—580
—	—	—	—	900	670—850
—, 80	—	70—85	—	88 × 110	93—106 × 80—120
—	—	—	—	—	135—145 × 80—110
—	—	—	—	840	—
—	—	760	710	680	620—880
—	—	—	—	—	—
62	115	110	—	—	—
—	—	—	—	220	165—280
—	—	—	—	335	115—200
—	—	—	—	—	—
—	—	—	—	240—260	110—165
—	—	—	—	—	—
—	—	315, 85	—	—	—
—	ca. 390	690	—	—	—
—	160, 350	—	—	—	—
—	93 × 90,5	— × 180	—	—	—

ein Teil des Schädeldaches und infolge des gewaltsamen Herausbrechens des einen Zahnes durch die Grubenarbeiter, erlitt auch die Gaumenpartie Schädigungen.

Es handelt sich trotzdem um einen einmaligen Fund, der unsere Kenntnisse bezüglich *M. longirostris* in hohem Maße erweitert, sind doch vollständigere Schädelfunde in ganz Europa äußerst selten.

Größenmäßig übertrifft der Schädel (Inv.-Nr. 60.116, Abb. 22a—c, Tabelle 6), der wahrscheinlich einem alten männlichen Tier angehörte, den schlecht erhaltenen Craniumrest des *M. angustidens-longirostris* aus dem Unterpannon von Obertiefenbach bei Fehring in der Oststeiermark, auch den des *M. curvirostris* (longirostris) aus dem Unterpliozän von Esselborn in Rheinhessen und den des *M. longirostris-arvernensis* aus dem Oberpannon von Hohenwarth in Niederösterreich, ja bis auf die Rostrumbreite auch den gut erhaltenen Schädel des *M. arvernensis* aus dem Arnotal.

Oberansicht (Abb. 22a): Der sehr massige, breite, gedrungene Bau des Schädels kommt in dieser Ansicht am besten zur Geltung. Alle die Nähte sind verwachsen. Das Rostrum ist relativ kurz, breit, die beiden stark konvexen Alveolenröhren der I^2 sind vorn nicht erweitert, auch ihre Ränder nicht wulstförmig aufgetrieben, wie am *longirostris-arvernensis*-Craniumrest aus Hohenwarth oder an den Schädeln des *M. arvernensis*. Das Rostrum ist breiter als am Obertiefenbacher, Esselborner und Hohenwarther Schädelfragment und in der Mitte, zur Aufnahme der Rüsselmuskulatur, stark eingemuldet.

Diese Prämaxillargrube ist vorne seichter, breiter, kaudal sich verengend und vertiefend und mit einem halbkreisförmigen Ausschnitt endend. Ihre gerundet länglich-dreieckige Form ist sehr ähnlich wie am Craniumrest des *M. curvirostris* (long.) aus Esselborn oder an dem des *M. angustidens-longirostris* aus Obertiefenbach in der Steiermark, während *M. arvernensis* (K. A. Weithofer 1891, Taf. IV, Fig. 1) infolge der vorn sehr verbreiterten Prämaxillaria eine breit-dreieckige, das *M. longirostris-arvernensis*-Exemplar aus Hohenwarth eine relativ schmale, kaudal schlitzförmige, die indische Schwesternform des europäischen *M. longirostris*, *M. perimense* eine langschmale, gleichmäßig breite solche Grube hatte. Bei *E. meridionalis* ist die Prämaxillargrube sehr variabel (K. A. Weithofer 1891), oft nur spaltförmig, dann wieder der Kornberger Gestaltung ähnlich.

Vorn, zwischen den beiden Alveolenröhren, ist, wie am *M. longirostris-arvernensis*-Schädel aus Hohenwarth und jenen des *M. arvernensis* eine etwa 10 cm lange Fissura incisiva vorhanden.

In der linken Alveole stecken noch Stoßzahnreste. Beide Alveolen konnte ich nur bis zum For. infraorbitale verfolgen, weiter hinauf waren sie vom festen Sand ausgefüllt, sie reichten jedoch, wie bei *M. angustidens-longirostris* aus Obertiefenbach, bis zum Ende der Prämaxillargrube hinauf. Die I^2-Alveolen des *M. arvernensis* endeten nach K. A. Weithofer erst viel höher, tief im Cranialschädel.

Die Nasenöffnung hat eine sehr große transversale Ausdehnung (550 mm) ähnlich wie beim indischen anancoiden *M. sivalensis* oder bei *E. meridionalis*, im Gegensatz zu *M. (Choerolophodon) pentelici* aus Samos.

Vor und seitlich der Nasenöffnung ist die Stirn sehr aufgetrieben, gewölbt, die beiden Processus postorbitales frontales mächtig entwickelt, der Schädel dadurch sehr breit und wuchtig wirkend, wie der des *M. sivalensis* (H. Falconer 1868, I, Pl. 10), im Gegensatz zu *M. perimensis* (H. Falconer, Fauna ant. sival., Pl. 38, Fig. 4) oder zu *M. pentelici* aus Samos (G. Schlesinger 1917, Taf. XXIII—XXV). Auch der *M. angustidens-longirostris*-Schädel aus Obertiefenbach war schmäler gebaut.

Die hintere Umrandung der Nasenöffnung sowie der nachfolgende mittlere frontoparietale Teil des Schädeldaches fehlen leider.

Hinter den Postorbitalfortsätzen verengt sich die Schädelkapsel stark, die von den Fortsätzen ausgehenden Temporalränder konvergieren rasch der Sutura sagittalis zu, weshalb die Parietalfläche von oben relativ schmal, wie bei *M. grandincisivus* (J. Viret — J. Battetta 1961),

M. perimensis und *E. meridionalis* wirkt, gegenüber *M. pentelici* und *M. sivalensis* mit sehr breiter Parietalfläche.

Die Jochbögen sind stark ausladend, die dahinter liegenden Temporalflächen sehr verbreitert, so wie bei *M. grandincisivus* und *M. sivalensis*, die Occipitalbreite erreicht fast den Wert der Stirnbreite.

Seitenansicht (Abb. 22b): Im Vergleich zum massigen Gehirnschädel wirkt das nur wenig nach unten gerichtete Rostrum relativ kurz, wie auch der ganze Schädel einen sehr gedrungenen Eindruck macht.

Am *M. angustidens-longirostris*-Schädelrest aus Obertiefenbach sind die schmächtigeren I^2 stärker nach unten gebogen (F. BACH 1910, Fig. 3), so auch am *M. longirostris-arvernensis*-Schädelfragment aus Hohenwarth (H. ZAPFE 1957, Taf. 24).

Auffallend ist die *M. angustidens* gegenüber stark aufgetriebene Stirnpartie, weshalb die Profillinie hier deutlich, fast höhlenbärenartig eingesattelt ist, was bezüglich der verschiedenen bis jetzt beschriebenen *Mastodon*-Schädeln nur selten der Fall ist. So eine Ausnahme macht *M. grandincisivus* (nach H. ZAPFE 1954 *M. longirostris grandincisivus*), besonders der Schädelfund dieser Art aus der Türkei (J. VIRET — J. BATTETTA 1961).

Das Occiput liegt kaum höher als die Stirnkontur und die mächtige, schräge, proximal etwas überhängende Occipitalfläche verstärkt nur die Ähnlichkeit mit dem Cranialschädel der obigen türkischen Art, die aber ein sehr langes, schmales Rostrum besaß. *M. angustidens*, *M. perimensis* und *M. arvernensis* haben eine flache Stirn und die beiden letzten Arten, besonders *M. arvernensis* einen bereits schon domförmig gewölbten Hinterschädel.

Den massigen, breiten, gegenüber *M. angustidens* aber nur mäßig erhöhten Cranialschädel, wie ihn G. SCHLESINGER 1917 für *M. longirostris* annahm, demonstriert der Kornberger Schädel in der Seitenansicht besonders gut, wobei aber die Erhöhung, Aufwölbung vor allem nicht den Hinterschädel, sondern die Stirnplatte betrifft, wodurch die Profilkonturen des Schädels von denen der *M. longirostris*-Rekonstruktion G. SCHLESINGERS (1917) aber auch von *M. perimensis* stark abweichen.

Von einem „gerundet kegelförmigen Cranialdom mit nach vorn geneigter Hinterhauptfläche" ist am Kornberger Schädel nichts zu bemerken. Er steht dem noch gering gewölbten Schädel der miozänen Ausgangsform *M. angustidens*, besonders dem Sansan-Typus (in J. PIVETEAU 1958, Fig. 32), entschieden näher als dem bereits sehr erhöhten, elefantenähnlichen des *M. arvernensis* als erdgeschichtlich nächstjüngeren Form.

Einen sehr breiten, aber noch flachen Schädel hatte nach F. M. BERGOUNIOUX — F. CROUZEL (1960) auch *M. curvirostris* (longirostris) aus Esselborn.

Die Orbitae des vorliegenden Schädels sind relativ klein, oval, von den mächtigen Postorbitalfortsätzen überdacht. Von letzteren zieht je eine rauhe, scharfe Leiste dem Alisphenoid entgegen, gleichzeitig die Orbitalgrube von der Temporalgrube trennend. Die Temporalfläche ist sehr gedehnt.

Der Jochbogen verläuft fast parallel mit der Kaufläche der Molaren, er steigt dem äußeren, geräumigen Gehörgang (Meatus auditorius externus) zu etwas an. Vorn geht das Jugale stark verdickt in den Proc. zygomaticus des Maxillare über, wobei der Jochbogenoberrand die Orbita umrandet und dahinter einen Höcker bildet.

Ein Foramen infraorbitale ist nur links sichtbar. Infolge der etwas überhängenden und nur ganz proximal etwas nach vorn abgewölbten Hinterhauptgestaltung liegen die Condyli occipitales mehr vorn, sie stehen nach hinten nicht vor, wie besonders bei den indischen Arten *M. perimensis* und *M. sivalensis*, sondern gleichen der Schädellage bei *M. pentelici* oder des türkischen *M. grandincisivus*.

Hinteransicht: Die Occipitalfläche ist mächtig, steil, rauh-grubig, in ihrer Form abgerundet, breit-dreieckig, etwas überhängend und nur dem Occiput zu gering nach vorn geneigt. Die beiden Gruben für das Ligamentum nuchae befinden sich in der breiten Knochenplatte des Supraoccipitale. Sie sind langoval, stark vertieft und nur durch eine dünne Knochenwand voneinander getrennt. Bei *M. perimensis* liegen sie viel höher und auch das Supraoccipitale dieser Art ist niedriger.

Das Foramen magnum ist rundlich, die Condyli occipitales sind relativ klein, wenig abstehend, aber stark konvex und die Gelenkflächen nach außen abfallend. Die beiden indischen Arten *M. perimensis* und *M. sivalensis* haben stark vorspringende, fast gestielte Condylen.

Unteransicht (Abb. 22c): Die sehr massige, breite Schädelgestaltung kommt auch in dieser Ansicht gut zur Geltung. Die Unterseite der beiden mächtigen I^2-Alveolenröhren ist abgeflacht, das Bild zeigt die großen, gerundeten Alveolen gut, so auch die dazwischen klaffende Fissura incisiva.

Das Gaumendach wurde, wie oben erwähnt, stark beschädigt, es ist nur ein kleines Stück des Palatinums vorhanden.

Die beiden M^3 (Abb. 23) sind, wie die M_3, stark abgekaut, fünfjochig, mit nur angedeutetem Talon. Ihre Länge beträgt 198 mm, ihre größte Breite 97 mm. Das 5. Joch, aus drei kleinen prätriten und zwei ebensolchen posttriten Mamillen bestehend, ist niedrig, unterentwickelt und stark verschmälert. Daran angelehnt sind die drei sehr kleinen Talon-Mamillen. Vom 3. Joch an ist der hintere Sperrhöcker prätriterseits unterdrückt, der vordere, mit dem Nebenhöcker verschmolzene vorprellend, ein longirostrines Merkmal, so auch die engen Täler und die ansehnliche Zahnbreite.

In den ersten drei prätriten Talausgängen sitzt je ein kräftiger Basalhöcker und auch die posttriten Talausgänge zeigen eine stärkere Mamillen- oder Wulstbildung. Im letzten Tal befindet sich etwas Zement.

Anancoide, attica- oder stegodonte Züge waren nicht festzustellen, es sind zwei einfacher gebaute *longirostris*-Molare, bedeutend primitiver als die des *longirostris*-Exemplars aus Breitenfeld.

Der vorhandene M^2 sin. wurde nicht beim Schädel, sondern unter dem Unterkiefer gefunden, er wurde als stark abradierter Zahnrest vom Schädel weggespült. Die starke Diagonalschichtung der Sande-Kiese weist ebenfalls auf stärkere Wasserbewegung zur Zeit der Sedimentation hin. Labial sind am Zahn die vier Joche gut zu erkennen, er war also longirostrin. In den posttriten Talausgängen sitzen kleine Basalknötchen. Der M^2 dext. kam nicht zutage.

Die die Molaren tragenden Maxillaria sind lateral, über den M^3 steilwandig. Die stark ausladenden Jochbögen sind auch in dieser Ansicht markant. Das Jugale ist fast senkrecht gerichtet, flach und relativ dünn, sein vertikaler Durchmesser beträgt 82 mm.

Die zwischen den glenoidalen Gelenkflächen, dem Foramen magnum und dem Hinterrand der M^3 befindlichen Knochenteile wurden, wie erwähnt, stark gequetscht. Basioccipitale und Basisphenoid sind miteinander verschmolzen, median kielförmig erhöht. Die das Foramen magnum umschließenden Arme des Basioccipitale laden weit aus. Die Exoccipitalia streichen ganz nach der Seite, der Jochbogenansatz und die Fossa glenoidea sind im Vergleich zu *M. pentelici* weit nach hinten versetzt. Die Beobachtungen von G. SCHLESINGER am juvenilen *M. longirostris*-Schädel aus Maragha (1917, S. 78) sind auch für den Schädel des alten männlichen Tieres aus Kornberg zutreffend: die starke Verkürzung und Rückverlagerung, gleichzeitige Querverbreiterung der hinter den M^3 befindlichen Knochen ist gegenüber der Samoser Art sehr auffallend.

Der Tympanicum-Bereich ist zusammengepreßt, über die Form und Lage des Tympanicums und der in seinem Bereich liegenden Öffnungen kann nichts gesagt werden. Es lassen sich bloß ein sehr aufgetürmtes Pterygoid rechts und die Reste der tiefen, schmalen Fossa mesopterygoidea feststellen. Seitliche Teile des Proc. posttympanicums können bis zum in das Squamosum eingebetteten äußeren Gehörgang verfolgt werden. Die beiden zur Aufnahme der Mandibelcondylen dienenden Fossae glenoideae sind sattelförmige, mäßig konkave, quergedehnte Flächen, von der Hinterhauptwand durch eine sagittal 6 cm breite

Mulde, die Fossa postglenoidea getrennt. Am Schädel des *M. arvernensis* ist diese Grube schmäler, 3—4 cm.

Der rückwärtige Teil des Squamosum steigt nach oben-außen steil an, die Occipitalfläche verbreiternd, während der lateral stark gerundete Processus zygomaticus des Squamosum als Jochbogenbasis stark nach außen vorspringt und kaudal mit einem Höcker versehen ist.

Die relativ kleinen Hinterhauptcondylen, von welchen der rechtsseitige beschädigt ist, zeigt Abb. 22c ebenfalls gut.

Die Mandibel des Kornberger *longirostris*-Exemplars (Inv.-Nr. 60.114, Abb. 24—25, Tabelle 1) ist bis auf die Stoßzähne und den Proximalteil des linken aufsteigenden Astes vollständig erhalten.

Vergleicht man den Unterkiefer mit dem des *M. longirostris* aus Breitenfeld, so fällt vorerst das zwar ebenfalls lange, aber gerade gerichtete, kaum gesenkte Rostrum gegenüber der sehr abwärts gebogenen Symphyse des Breitenfelder *longirostris* auf.

Der Neigungswinkel des Rostrums ist dementsprechend sehr niedrig (23°) und entspricht der diesbezüglichen unteren Variationsgrenze der österreichischen *longirostris*-Funde gegenüber 48° des Breitenfelder Exemplars.

Der Längenindex des Rostrums (Symphysenlänge zur Mandibellänge) beträgt 44 gegenüber 43,5 des Breitenfelder Unterkiefers, beide gehören also der Gruppe Longirostri (0,36 bis 0,44) nach F. M. Bergounioux — F. Crouzel (1960) an, wie auch die meisten *M. angustidens*-Mandibeln und manche noch langsymphysige *M. longirostris*-Typen, wie die vom Laaerberg, Wien, oder aus den Belvedere-Gruben in Wien oder *M. curvirostris (longirostris)* aus Esselborn, während der Unterkiefer aus Stettenhof, Niederösterreich, das Fragment aus Wolfau, Burgenland, oder der Unterkiefer des *M. longirostris/arvernensis* aus Hohenwarth, Niederösterreich, sowie die Typusmandibel des *longirostris* aus Eppelsheim bereits als Medilongirostri (Rostrum-Index 0,30—0,36) zu betrachten sind.

Der Ramus ascendens des Kornberger Unterkiefers wirkt graziler als der Breitenfelder, da der etwas höhere Processus coronoideus sich etwas nach kaudal neigt, der viel breitere und nach innen geneigte Condylus mandibularis wieder nach hinten gar nicht vorspringt, wodurch die die beiden Processi miteinander verbindende Incisura mandibulae viel kürzer und konkaver als am Breitenfelder Unterkiefer ist.

Die Temporalisgrube reicht am Kornberger Unterkiefer vorn, entlang dem Processus coronoideus viel tiefer (177 mm) als am Breitenfelder Ramus. Sie endet, stark ausgehöhlt, 3 cm vor dessen Vorderrand, während sie sich nach hinten rasch verjüngt.

Beschränkter als am Breitenfelder Exemplar, d. h. angustoider, ist auch die Masseter-Fläche, nur die hintere-untere Fläche des Ramus einnehmend. Der Angulus ist gut gerundet, das Dentale unter dem M_3 lateral stark aufgetrieben.

Von den Backenzähnen sind nur mehr die stark abgekauten M_3 in Funktion, es handelt sich demnach um ein altes und wahrscheinlich männliches Individuum. Die M_2-Alveolen sind teils schon verwachsen.

Der Symphysenbeginn befindet sich 188 mm vor-unter dem M_3. Die Foramina mentalia sind durch harten Sand verstopft, ihre ursprüngliche Lage ist nicht feststellbar.

Der hintere Rostrumabschnitt ist hoch, die Symphysealrinne aber, im Gegensatz am Breitenfelder Unterkiefer, relativ sehr seicht, wie am Esselborner Exemplar und ihre Ränder gerundet. 12 cm vor der Rostrumspitze verflacht die Hohlrinne für die Zunge ganz, die obere Umrandung der Incisoralveolen ist hier eher etwas konvex als hohl wie auch am *M. longirostris*-Unterkiefer vom Laaerberg, Wien (G. Schlesinger 1917, S. 67), während nach J. J. Kaup (1835, Taf. XIX, Fig. 2) an der Eppelsheimer Mandibel die Symphysealrinne bis zu den I_2 reicht. Dies war auch der Grund, warum G. Schlesinger ein längeres Rostrum für das Eppelsheimer Exemplar annahm.

Eine spatelförmige Verbreiterung des vorderen Rostrumabschnittes wie z. B. am von G. Schlesinger (1917, Fig. 7) rekonstruierten Unterkiefer des *M. longirostris* vom Belvedere,

Wien, fehlt vollkommen, obwohl den I_2-Alveolen nach von der Rostrumspitze höchstens nur einige Zentimeter fehlen können.

Bis zum Durchbruch des Canalis alveolaris anterior im mittleren Rostrumabschnitt konvergieren die beiden Horizontaläste des Kiefers zueinander, von hier nach vorne ist kaum eine Verbreiterung des Rostrums festzustellen. Der Divergenzwinkel der Mandibeläste beträgt 53°, bleibt also innerhalb der von F. M. BERGOUNIOUX — F. CROUZEL (1960) für *M. longirostris* angegebenen Variationsgrenze (50—55°), während dieselben Werte für *M. angustidens* 40—45°, am *M. curvirostris (longirostris)* Exemplar aus Esselborn 67°, am *M. longirostris/arvernensis*-Unterkiefer aus Mannersdorf bei Angern, Niederösterreich, 70° betragen.

Auffallend ist am Kornberger Unterkiefer die trotz der langen Symphyse sehr frühe laterale Mündung des Alveolarkanals, 57 mm vor dem Hinterrand der Symphyse, 245 mm vor den M_3, in Form eines ziemlich hoch gelegenen großen Mandibelforamens.

Die Seitenwände des mittleren Rostrumabschnittes sind proximal etwas konkav, der ganze Rostrum-Unterrand ist fast flach.

Die I_2-Alveolen sind groß (75 × 50 mm), birnenförmig, mit dem Birnenhals nach oben-außen gerichtet. Die unteren Stoßzähne waren also noch kräftig entwickelt, funktionell, etwas kompresser als die des Breitenfelder *longirostris*, metrisch den I_2 aus Großweiffendorf, Oberösterreich (F. STEININGER 1965), mit den schönen Kontaktflächen, entsprechend.

Die beiden Stoßzahn-Alveolen trennt nur eine 10 mm dicke Zwischenwand voneinander. Da keine Stoßzahnreste gefunden wurden, kann nicht gesagt werden, ob diese aneinanderliegend waren oder nicht; die großen Alveolen, die dünne Scheidewand sowie die Form des vorderen Rostrumabschnittes lassen nur vermuten, daß dies der Fall gewesen sein könnte.

Der Sulcus mylohyoideus, nahe zum lingualen Corpus-Unterrand, ist nur schwach geprägt, der Canalis alveolaris posterior an der Innenfläche des Ramus ascendens sehr geräumig.

Im allgemeinen besitzt der Kornberger *longirostris*-Unterkiefer eine dem *M. longirostris* aus Laaerberg, Wien, und Belvedere, Wien, sehr ähnliche, noch ziemlich urtümliche Gestaltung und derart sind auch die beiden Backenzähne.

Die größte Länge der M_3 (Abb. 26) beträgt 215 mm, die größte Breite, in der Zahnmitte, 95 mm, sie sind kleiner als die des Breitenfelder Tieres und vor allem viel elementenarmer und einfacher gebaut. Vorn befindet sich eine starke Pressionsmarke, vom Vordertalon sind nur mehr einige laterale Basalknötchen vorhanden. Der Zahn ist fünfjochig, wobei das letzte Joch sehr schmal ist. Das Talonid ist bloß durch einen kleinen, runden Höcker angedeutet.

Die Joche sind nach vorne geneigt, die Täler ziemlich weit, angustoid, nur durch die Sperrhöcker der prätriten Jochhälften gesperrt, von welchen die hinteren an den ersten beiden Jochen sehr stark, die vorderen weniger entwickelt sind, was wieder ein longirostrines Merkmal darstellt, ebenso die am 3., 4. und 5. Joch vorgeprellten vorderen Sperrhöcker und Nebenhöcker.

Alles in allem noch sehr subtapiroide, wenig evoluierte *longirostris*-M_3.

Betrachtet man den Breitenfelder und den Kornberger Unterkiefer, so sind beide, trotzdem sie demselben Unterpliozän-Niveau angehören, auch in ihren Merkmalskombinationen sehr verschieden. Nur eines haben sie gemein, beide *longirostris*-Formen sind noch mit zahlreichen ursprünglichen Merkmalen, vor allem mit einem noch langen Rostrum behaftet, was ihrem erdgeschichtlich tiefen Fundhorizont innerhalb unseres Altpliozäns voll entspricht.

Bei Beckenbruchstücken war es bisher schwer zu entscheiden, ob sie *Mastodon* oder *Dinotherium* zuzuordnen sind, da die Hauptunterschiede im Pubis-Ischium-Bereich liegen, welche Teile nur äußerst selten vollständig erhalten sind.

Um so erfreulicher, daß unter den neuen Proboscidier-Funden der Steiermark sich ein vollständiges *Dinotherium*-Becken und eine linke Beckenhälfte des *M. longirostris* befinden, die das eingehende Studium auch der Sitz- und Schambeinknochen ermöglichen.

Tabelle 7
(Pelvis)

	M. longirostris KAUP		*M. angustidens* CUV. Wien-Dornbach (G. SCHLE-SINGER 1917) mm	*E. antiquus* FALC.-CAUTL. Megalopolis (J. MELEN-TIS 1963) mm	*E. meridionalis* NESTI Forestbed (H. FALCO-NER 1868) mm	*E. primigenius* BLMB. (L. M. R. RUTTEN 1909) mm	*E. indicus* L. Sumatra mm
	Kornberg mm	Laaerberg-Wien mm					
Länge des Ileums (vom Margo sacrale zum Tuber coxae)	870	—	580	1022	1124	1050	650
Größte Breite dessen (vor dem Tuber gemessen)	540	420	365	—	—	—	365
Breite des Ileum-Halses	196	144	146	—	—	—	—
Vertikaler u. transversaler Durchmesser des Acetabulums	167 × 160	175 × 168	144 × 136	210 × 200	217 × 229	158—200 × 194—200	136 × 136
Dieselben des Foramen obturatum	230 × 150	—	—	240 × 120	229 × 154	142—182 × 91—111	126 × 65
Ant.-post. und transversaler Durchmesser des vorderen Pubisastes	105, 266	83, 163	—	—	—	—	57, 131
Ant.-post. Durchmesser des Ischium	ca. 101	—	—	—	—	—	121
Durchmesser des Ramus acetabularis ossis ischii	95	75	66	—	—	—	71
Länge der Symphyse (oben gemessen)	376	—	—	210	382	430	311
Breite der Symphysealplatte	60 (120)	52 (104)	—	—	—	—	55 (110)

Die linke Beckenhälfte aus dem Pannon von Kornberg (Inv.-Nr. 60.115, Abb. 27) gehörte demselben alten Tier, wie der breite, wuchtige Schädel und der langsymphysige Unterkiefer an, sie ist gut erhalten, allein der Ileum-Kamm und die „Tabula ischiadica" weisen Schädigungen auf. Die Maße sind aus der beigefügten Tabelle 7 ersichtlich.

Die äußere Facies glutaea der Ileum-Schaufel, Ansatzfläche der Gesäßmuskeln, ist in ihrer Mitte mäßig konkav, lateral-kaudal etwas konvex, die medialen Flächenteile der inneren Facies pelvina für die Lendenmuskeln stärker vertieft. Das Ileum ist kürzer, gedrungener, kaudo-lateral breiter, gerundeter als das Hüftbein des *Dinotheriums* vom Breitenfeld, der Ileum-Hals schlanker, zum sehr massig gebauten Schädel hätte man ein größeres Becken vermutet. Am oberen Ende der Innenfläche des Ileums fällt die gut geprägte Facies für die Articulatio sacro-iliaca auf.

Das Acetabulum des Kornberger Beckens ist fast kreisförmig und kleiner-tiefer als am *Dinotherium*-Becken von Breitenfeld, die Incisura acetabuli markant.

Der vordere, transversale Pubisast ist zwar im Vergleich zu *Dinotherium* abgeplattet, doch relativ stark gebaut, seine Außenfläche rauh, er ist antero-posterior gut breiter, transversal gestreckter als beim *Dinotherium*-Exemplar aus Breitenfeld und nahe der Symphyse nur gering verdickt.

An seiner Basis, nahe zum Acetabulum-Rand befindet sich eine rauhe, höckerförmige Muskelansatzstelle, während das *M. angustidens*-Beckenstück aus Wien-Dornbach und das juvenile *M. longirostris*-Beckenfragment vom Laaerberg, Wien, an dieser Stelle eine tiefe Grube haben. An rezenten Elefantenbecken fand ich diese Haftfläche sehr variabel ausgebildet.

Der Ramus symphysicus des Pubis ist sehr dünn, viel platter als am *Dinotherium*-Becken, die Symphysis pelvis länger und gerader, am *Dinotherium*-Becken aus Breitenfeld dagegen kürzer und kaudal dick-klobig stark nach unten gekrümmt.

Die Symphysealplatte ist bei *M. longirostris* medio-lateral gut schmäler als am *Dinotherium*-Becken, dünn und kaudal nur gering verdickt.

Der Hinterrand des Ischium ist am Kornberger Becken beschädigt, der antero-posteriore Durchmesser des Sitzbeins betrug jedoch gut mehr als am Breitenfelder *Dinotherium*-Pelvis, es war eine schwach konkave, relativ dünnwandige Tabula ischiadica vorhanden, wenn auch antero-posterior nicht so gestreckt und konkav, ja fast wannenförmig, wie an Mammut- oder rezenten Elefantenbecken, während das Ischium des *Dinotherium*-Beckens eine dreikantige, dick-klobige, symphysennah oben stark vertiefte Knochenbrücke darstellt, deren Ramus symphysicus ventral stark verdickt ist.

Massiger und kürzer ist auch der Ramus acetabularis des Ischium des *Dinotherium*-Beckens mit einem sehr starken, nach außen gerichteten Tuber ischiadicum, während der Pfannenast des Sitzbeins am Kornberger *longirostris*-Becken schwächer, flacher, gestreckter, das Tuber nur mäßig entfaltet ist.

Das Foramen obturatum des *longirostris*-Beckens ist länglicher, ovaler als das des *Dinotherium* aus Breitenfeld.

Das Beckenbruchstück des *M. angustidens* aus Wien-Dornbach besitzt gut geringere Maße, und es ist nur die obere Umrandung eines relativ großen Foramen obturatums erhalten geblieben. Vom Pfannenast des Pubis und Ischium sind nur Reste vorhanden.

Das Beckenstück des *longirostris*-Exemplars vom Laaerberg, Wien, gehörte einem noch jüngeren Tier an. Die erhalten gebliebenen Pubisteile und Ischiumfragmente weisen eine dem Kornberger Becken ähnliche Symphysealplatte, Symphysis-Ischium- und Foramen obturatum-Gestaltung auf. Auffallend ist die geringere Transversalausdehnung des vorderen Pubisastes.

Am Mammut- und rezenten Elefantenbecken fällt die antero-posterior weit gedehntere Ischiumfläche und das kleinere Foramen obturatum auf, weiters, daß der vordere, transversale Pubisast antero-posterior gut schmäler als der Pfannenast des Ischium ist, wogegen am Kornberger und Laaerberger *longirostris*-Becken der Ramus acetabularis ossis ischii der schwächer gebaute.

III. Die Dinotheriumreste[1]

A. Breitenfeld

Die beiden aufsteigenden Äste und das Corpus des in Breitenfeld geborgenen Unterkiefers (Inv.-Nr. 59.832, Abb. 28a—c) sind bis zum Symphysenhinterrand gut erhalten, durch Bodendruck nur geringfügig verdrückt, während das Rostrum nur mehr in Stücken und stärker deformiert aufgefunden wurde. Die Stoßzähne fehlten.

In der Seitenansicht fällt der steile, sehr breit-niedrige und massige Ramus ascendens sogleich ins Auge. Der Angulus ist stark ausgebuchtet, kräftig entwickelt, die Incisura

---

[1] Bezüglich der Diskussionsfrage *giganteum* und *levius* siehe die Erörterungen den kleinen Unterkiefer aus Holzmannsdorfberg angehend.

mandibulae steil abfallend, der Processus coronoideus etwas nach vorn geneigt und bis zu seinem oberen, etwas gerundeten Ende stark gebaut — alles *D. giganteum*-Merkmale. An der Basis des Kronenfortsatzes ist das Corpus lateral aufgetrieben, darunter der Kieferunterrand von leicht konvexem Verlauf.

Im Verhältnis zum sehr massigen Ramus erscheint das Corpus relativ schlank. Die stärkere Abwärtsbiegung des Corpusunterrandes beginnt unter dem P_4. Der Symphysenhinterrand befindet sich unter der Vorderhälfte desselben Zahnes, ein *bavaricum-levius*-Merkmal nach den Feststellungen von I. GRÄF (1957). Bei *D. giganteum* liegt er im allgemeinen weiter vorn, unter dem Vorderjoch des P_3 bis P_3/P_4-Grenze.

Das Rostrum war lang, doch nicht so extrem steil, wie an den typischen *giganteum*-Unterkiefern des In- und Auslandes, und vorn nicht so aufgetrieben. Die Symphysealrinne ist relativ schmal und mäßig tief bis zu den I-Alveolen reichend, wie das *giganteum* bezeichnet. Bei *D. levius* ist diese Rinne breit, seicht und verflacht schon ober den Stoßzahnalveolen.

Das obere Foramen mentale mündet unter der Mitte des P_3, das untere davor, ihre Lage ist daher wie bei *giganteum*.

An der Lingualseite der aufsteigenden Äste, unter dem Condylus ist je ein geräumiger, verstopfter Canalis mandibularis zu sehen. Alle die Mandibelmaße sind in der beigefügten Tabelle zusammengefaßt.

Die Zahnreihen sind vollständig, die Zähne nur gering angekaut. Bezüglich der Zahnstrukturen läßt sich folgendes sagen:

Der Vorderlobus des P_3 ist den meisten Autoren nach (H. V. MEYER, O. ROGER, CH. DEPÉRET, O. WEINSHEIMER, L. MAYET, K. M. WANG, O. SICKENBERG, E. V. STROMER, H. KLÄHN, R. DEHM, I. RAKOVEC, R. MUSIL, I. GRÄF) bei *D. bavaricum* noch gut entfaltet, breit, die beiden Vorderhöcker sind voneinander noch vollkommen getrennt, bei *D. levius* der Vorderlobus etwas schon reduziert, die beiden Vorderhöcker nur an den Spitzen voneinander gut getrennt, während bei *D. giganteum* der stark nach hinten versetzte Innenhöcker mit dem Außenhöcker mehr-minder vollkommen verschmolzen, der Vorderlobus vorn keilförmig zugespitzt ist.

Bereits 1957 wies ich jedoch darauf hin, daß P_3 mit einem reduzierten Vorderlobus als „gigantoide" Mutanten schon im *D. bavaricum*-Material der Steiermark vorkommen (Mittelmiozän von Leoben), anderenteils für weiblich gehaltene *giganteum*-Exemplare aus Eppelsheim (J. J. KAUP, Add. Taf. I, Fig. 4) einen lingual noch gut vorgewölbten Vorderlobus haben können.

Die vorliegenden P_3 besitzen den für *giganteum* bezeichnenden breit-dreieckigen Umriß, indem die beiden Hinterhöcker stark auseinandergezogen sind, bei *bavaricum* und *levius* dagegen parallel gerichtet. Den nur mäßig entfalteten Innenhöcker verbindet ein schwacher Schmelzgrat mit dem Außenhöcker, während bei *bavaricum*- und *levius*-P_3 der Steiermark ein starker Innenhöcker und ein ebensolcher Schmelzwulst vorhanden sind.

Der Vorderlobus ist schmal, der Vordertuberkel über dem Vordercingulum nur sehr schwach entwickelt. Der vordere Innenhöcker ist als eine linguale Vorwölbung angedeutet, aber durch keine Furche oder Rinne vom Protokonid getrennt.

Die evoluierten *giganteum*-P_3 der Steiermark (z. B. Höllgraben bei Kornberg bei Feldbach) und des Auslandes sind infolge der Verschmelzung der beiden Vorderhöcker vorn typisch keilförmig, der Vordertuberkel fehlt, der hintere Innenhöcker ist sehr schwach, der kaudale Schmelzgrat ebenfalls, oder er fehlt vollkommen.

Die vorliegenden P_3 haben daher ein etwas konservatives *giganteum*-Gepräge wie auch die P_3 des großen *giganteum*-Unterkiefers aus dem basalen Pannon von Breitenhilm bei Hausmannstetten[1] bei Graz (M. MOTTL 1957, S. 75).

---

[1] Nach K. KOLLMANN (1965, S. 575) wahrscheinlich höchstes Obersarmat/Pannon Grenzhorizont.

Tabelle 8
(Mandibulae)

	Dinotherium giganteum KAUP, Unterpliozän				
	Breitenfeld SO-Stmk. mm	Hausmannstetten, Stmk. (K.F. PETERS 1871 und eigene Messungen) mm	Eppelsheim (Typusmand.) (I. GRÄF 1957) mm	Eppelsheim („D. medium") (I. GRÄF 1957) mm	Eppelsheim (Mand. juv.) (I. GRÄF 1957) mm
Länge vom Condylus-Hinterrand bis I vorderem Alveolarrand	—	1100	—	753	—
Länge vom Condylus-Hinterrand bis P_3-Vorderrand	730	770	752	—	625
Länge vom Angulus-Hinterrand bis P_3-Vorderrand	760	740	—	—	—
Horizontalabstand zwischen dem Vorder- und Hinterrand des Ramus asc.	380	370	—	—	278
Höhe des Ramus asc. vom Condylus-Oberrand zum Kiefer-Unterrand	430	440	368	—	317
Höhe unter dem Proc. coronoideus	360	360	—	—	244
Corpushöhe unter P_4 und M_3	189, 146	255, 165	170, 160[1]	—	—
Größter Umfang des Kiefers unter P_4 und hinter-unter M_2	422, 405	493, 440	442, 423	372, 339	311, 338
Vertikaler Durchmesser des Rostrums (vom P_3 zum I-Alveolarrand)	—	450	600[1]	337	352
Dessen sagittaler und transversaler (hinten) Durchmesser	ca. 220, —	310, 310*	220, [1] —	—	—
Länge vom Symphysen-Hinterrand bis I-Alveolarrand (oben gemessen)	—	505	—	—	—
Größter Umfang des Rostrums	—	980	—	—	—
Länge des Stoßzahnes entlang der vorderen Krümmung	—	555	? 588	—	238
Dieselbe entlang der hinteren Krümmung	—	440	? 473	—	203
Größter sagittaler und transversaler Durchmesser des Stoßzahnes	—	148 × 107,5	156,4 × 101,6	92,1 × 62,8	65,5 × 57,6
Größter Stoßzahn-Umfang	—	415	? 418	247	189
Länge der Zahnreihe (P_3—M_3)	374	345	—	371	412,2
Abstand der Zahnreihen voneinander bei den P_4 und M_3	104, 112	90, 113	—	—	—
Abstand zwischen den Angulus-Innenrändern	378	275	—	—	—
P_3 Länge, Breite vorn, Breite hinten	62,2, 40, 52,2	49, 39, 48	—	60,9, 49,1, 49,2	67,3, 34,6, 47,5
P_4 Länge, Breite vorn, Breite hinten	65,6, 53, 55	61, 51, 52	—	65,2, 53,2, 54,9	73,7, 52,6, 59,8
M_1 Länge, Breite vorn, Breite hinten	81, 55, 47	74, 47, 46	—	84, 56,4, 59,4	95,3, 58,8, 56,9
M_2 Länge, Breite vorn, Breite hinten	78, 68,5, 73	75, 66, 67	82,3, 75,1, 73,7	79,2, 69,7, 65,4	89,2, 70,8, 68,2
M_3 Länge, Breite vorn, Breite hinten	89, 76, 71	84, 66, 65	92, 83, 73,4	80,2, 73,8, 63,4	87,7, 76,6, 65,4

* Gesamtbreite   ** Nur der einen Hälfte   [1] nach F. M. BERGOUNIOUX — F. CROUZEL 1962

D. giganteum, Vindobon, Spanien			Dinotherium levius Jourdan				D. bavaricum H. v. Meyer	
Fuensaldana	Cerecinos de Campos	Castrillo de Villavega	Holzmanns-dorfberg SO-Stmk.	Hinterauer-bach	Dietersdorf-berg, SO-Stmk.	La Grive St Alban	Reicherts-hausen	Fronten-hausen
(F. M. BERGOUNIOUX — F. CROUZEL 1962)				(I. GRÄF 1957)	(eigene Messungen)	(CH. DEPÉ-RET 1887)	(I. GRÄF 1957)	(I. GRÄF 1957)
mm	mm	mm	mm	mm	mm	mm	mm	mm
Ang.-Symph. Vorderrand: 910	820	860	840	—	—	—	—	—
—	—	—	640	—	—	—	—	486—494
770	630	680	640	—	—	—	—	—
—	—	—	290	—	—	—	—	229—234
—	350	380	365	—	—	—	—	222
—	—	—	310	—	—	—	—	214—226
185, 150	160, 140	200, 150	146, 127	—	176, 126	—	—	—
—	—	—	360, 340	334, 347 (unter M_1)	360, 325	—	—	288—306, 294
450	435	400	272	271	—	—	—	247—252
250, 140**	220, —	250, 175**	183, 210*	—	—	—	—	—
—	—	—	340	—	—	—	—	—
—	—	—	650	—	—	—	—	—
820	825	480	364	338	—	320	452	—
640	648	450	275	279	—	—	367	—
140 × 120	126 × 110	105 × 90	86 × 70	83,8 × 61,8	—	65 × —	81,4 × 67,6	—
—	—	—	262	234	—	—	—	—
—	—	—	376	377,6—390,6	352	—	—	—
—	87, 140	—	77, 88	—	—	—	—	—
—	500	420	365	—	—	—	—	—
63, —, 52	52, —, 46	50, —, 43	65, 43, 50	58,2, 46, 51,9 60, 42,2, 48,3	58, 38, 46	55, —, —	48,5—50,3, 29,9—36,5, 39,6—42,6	
70, —, 60	67, —, 59	67, —, 51	68,5, 56, 54	66,7, 59,1, 59,6 68,1, 60,5, 60,6	65, 55, 55	70, —, —	56,7—58,5, 44,7—49,5, 45,8—51	
Alveole: 95, —, 57	73, —, 61	82, —, 51	83, 59, 52	82,8, 60, 58,3 85,7, 61,7, 60,6	78, 54, 48	75—80, —, —	69,8—73,2, 46,9—51,1, 45—47,5	
Alveole: 80, —, 72	75, —, 74	81, —, 62	76, 74, 72	79,4, 76,4, 74,7 82,6, 79,9, 75	74, 64, 66	72—73, —, —	68,1—71, 60,3—64,8, 57,3—62,9	
Alveole: 90, —, 68	82, —, 76	88, —, 72	85, 74, 66	89,1, 81,2, 72,2 93,2, 81,6, 72,6	75, 70, 61	78—82, —, —	79,1—79,9, 65,9—68,5, 57,2—57,8	

Die P_4 sind, am Vorderjoch gemessen, schmäler als am Hinterjoch (96,9%), ein *giganteum*-Wert. Vom vorderen Außenhöcker zieht ein kräftiger Schmelzwulst nach vorn, der am P_4 sin. sehr kurz, am P_4 dext. auch oral gut entfaltet ist.

Die *bavaricum*-P_4 der Steiermark besitzen demgegenüber einen starken, bis zum vorderen Innenhöcker reichenden Vorderansatz, der die tiefe Vordergrube vollkommen abschließt. Bei *D. levius*-P_4 der Steiermark (St. Oswald bei Gratwein, Dietersdorfberg bei Mureck, Oberdorf bei Weiz, Holzmannsdorfberg bei St. Marein a. P.) ist der Vorderansatz kürzer, reduziert, die Vordergrube lingual offen.

Die *giganteum*-P_4 der Steiermark haben entweder einen sehr reduzierten kurzen (z. B. Hausmannstetten) oder die sehr großen Formen (z. B. Kapellen bei Radkersburg, *D. gigantissimum*-Größe) einen sichelförmig gebogenen Vorderansatz mit geschlossener, seichter Vordergrube.

Die Hinteransatzbreite beträgt 53% der Hinterjochbreite (an den *D. bavaricum*-P_4 der Steiermark 54,3—57,5%, an *D. levius*-P_4 43,6—48%), ein mehr primitives Verhalten, da der Hinteransatz der großen, evoluierten *giganteum*-P_4 der Steiermark bis die ganze Hinterjochbreite einnehmen kann.

An den vorliegenden M_1 ist das Nachjoch schmäler als die beiden vorderen Joche, wie das bei allen *giganteum*-M_1 der Steiermark der Fall ist. Die Hinteransatzbreite beträgt 60% der Tritolophidbreite, nach I. GRÄF (1957, S. 150) ein gutes *giganteum*-Merkmal (58—77,9%) gegenüber *levius* mit einem Variationsbereich von 44,3—54,5%. Bezüglich der M_2 kann das Verhältnis der Talonidbreite zur Hinterjochbreite nach mehreren Autoren (Ch. DEPÉRET 1887, L. MAYET 1908, I. GRÄF 1957) als artspezifisches Merkmal betrachtet werden. Der Index beträgt, infolge des schwach entwickelten Hinteransatzes, an den M_2 des Breitenfelder Unterkiefers 62,5%, ein mehr konservatives, *D. bavaricum* (50,6—72%) und *D. levius* (53,3—67%) bezeichnendes Gepräge, da bei typischen *D. giganteum*-Exemplaren der Wert zwischen 67—80,4% liegt (I. GRÄF 1957), das Talonid ist hier entwickelter.

Das Hinterjoch ist an den vorliegenden M_2 breiter als das Vorderjoch, wie das auch an den meisten *giganteum*-M_2 der Steiermark vorzufinden ist.

Die M_3 haben ein breiteres Vorderjoch und ein vom Hinterjoch stark abgesetztes, kräftiges Talonid. Die Basis des vorderen Innenhöckers ist sagittal, am Talausgang gemessen gut stärker als die des vorderen Außenhöckers, was nach I. GRÄF (1957) für *giganteum* spricht.

Die Prämolaren nehmen in der Zahnreihe 34,1% ein, durchaus ein *giganteum*-Wert. Die meisten Zahnmaße liegen ebenfalls innerhalb der *giganteum*-Variationsbreite, nur die Hinterjochbreite der M_1 und die Vorderjochbreite der M_2 sind unter dem *giganteum*-Minimum.

Alle die von den verschiedenen Autoren angegebenen Merkmale auswertend, kann der Unterkiefer aus Breitenfeld einem *D. giganteum*-Exemplar zugeschrieben werden, das in manchen Merkmalen sich noch konservativer verhält, ein Verhalten, das durch den erdgeschichtlich tiefen Fundhorizont durchaus begründet erscheint.

Dasselbe Verhalten wiederfindet sich auch am oben erwähnten *D. giganteum*-Unterkiefer aus dem tiefen Unterpannon von Hausmannstetten b. Graz (K. F. PETERS 1871, M. MOTTL 1957), der in seiner Ramus ascendens-, vorn sehr aufgetriebenen Rostrum- und Stoßzahn-Gestaltung mit der Eppelsheimer Typus-Mandibel (Din. 466) in hohem Maße übereinstimmt, doch bezüglich des Symphysenhinterrrandes (unter P_4-Hinterrand), der Reduktion des P_3-Vorderlobus, des M_2- (62,6%) und Pm/M-Indexes (31,8%) noch urtümlichere Züge zeigt.

Auch am *Dinotherium*-Unterkiefer aus dem unterstpliozänen Flinz Münchens (E. v. STROMER 1937/38, R. DEHM 1949, 1952) sind diese noch konservativeren Züge (Symphysenhinterrand unter dem P_4-Hinterrand, oberes Foramen mentale unter dem Vorderjoch des P_4) festzustellen.

Das in der Sandgrube Bauer in Breitenfeld bei Riegersburg freigelegte **Becken** wirkt mit seiner 1,8 m Gesamtbreite und seiner überaus massigen Gestaltung besonders wuchtig

Tabelle 9

(Becken)

	D. giganteum KAUP	
	Breitenfeld mm	München (E. v. STROMER 1938) mm
Gesamtbreite (vom linken zum rechten Tuber coxae)	1800	—
Größte Höhe (vom Ileum-Oberrand zum Symphysen-Vorderrand)	830	—
Dieselbe zum Hinterende der Symphyse	1040	—
Abstand vom linken zum rechten Tuber ischiadicum	530	—
Abstand zwischen den hinteren Außenrändern der Gelenkpfannen	800	—
Breite der Symphysealplatte	172 (86)	—
Ileumlänge (vom Margo sacrale zum Tuber coxae)	1000	1000
Ileumbreite (gemessen vor dem Tuber coxae)	620	540
Breite des Ileum-Halses	230	260
Vertikaler und transversaler Durchmesser des Acetabulums	225, 205	220, 210
Dieselben des Foramen obturatums	203, 145	220, 120
Entfernung vom Ileum-Vorderrand zum Tuber ischiadicum	890	—
Ant.-post. und transversaler Durchmesser des vorderen Pubisastes	86, 258	—
Ant.-post. Durchmesser des Ischium (vom For. obt. zum Ischium-Hinterrand)	78	—
Breite des Ramus acetabularis des Ischium	104	—
Länge der Symphyse (oben gemessen)	355	370
Längs- und Querdurchmesser der Beckenhöhle	550 × 580	—

(Abb. 29, Tabelle 9, Inv.-Nr. 59.802). Es ist vollständig erhalten, die beschädigten Teile konnten sicher ergänzt werden, da die spiegelbildlichen Partien glücklicherweise vorhanden waren. Dadurch gehört das Becken zu den einzigartigen Funden Europas.

Auf die Hauptunterschiede gegenüber dem *M. longirostris*-Becken aus Kornberg habe ich bereits hingewiesen.

In seinen Maßen und in seiner Form gleicht das Becken sehr der von E. v. STROMER (1938) beschriebenen und abgebildeten *D. giganteum*-Beckenhälfte (Taf. III, Fig. 1a—b) aus dem Unterstpliozän Münchens.

Beiden sind die langen, kaudal breitflächigen Ileumschaufeln mit der kräftigen, kranzartigen Crista iliaca bezeichnend, die hinten in je einem starken, zugespitzten Tuber coxae enden. Die Außenfläche der Darmbeine ist nur schwach konkav, die Articulatio sacro-iliaca bereits verwachsen, das Sacrum aus 4 Wirbeln bestehend. Der Ileum-Hals ist breit, das Acetabulum groß mit einer gut geprägten Incisura acetabuli, die Gelenkpfanne selbst ist nahezu kreisförmig, doch relativ seicht.

Der vordere, transversale Pubisast ist gerundeter, antero-posterior schmäler, auch transversal kürzer als am kleineren *M. longirostris*-Becken aus Kornberg und der Symphyse zu sehr verdickt. An seiner Basis, beim Acetabulum-Unterrand befindet sich eine seichte Grube.

Die Symphyse ist, im Vergleich zu *Mastodon* und *Elephas* kurz, die Symphysealplatte relativ breit, nur in ihrer Mitte dünn, vorn verdickt, kaudal-ventral massig-klobig stark nach unten gekrümmt.

Gegenüber *Mastodon* und *Elephas* sehr kurz und breit, massig, gerundet sind auch die Pfannenäste der Sitzbeine, mit einem stark nach außen gerichteten Tuber ischiadicum. Das Corpus der Sitzbeine bildet, im Gegensatz zu *Mastodon* und *Elephas* eine dreikantige, unten flachkonvexe, kräftige, symphysennah oben sehr vertiefte Knochenbrücke, die vom Tuber ischiadicum bis zur Symphyse gut länger, ihr antero-posteriorer Durchmesser dagegen weit geringer als am *M. longirostris*-Becken ist. Von einer Tabula ischiadica, wie bei den rezenten Elefanten oder in geringerem Maße auch bei den Mastodonten, kann hier nicht gesprochen werden.

Relativ kurz ist das Foramen obturatum, die Beckenhöhle dagegen geräumig, es könnte sich also um ein weibliches Individuum gehandelt haben.

Ein ähnlich wuchtiger Ileumrest eines *D. giganteum*-Exemplars aus dem Jungpannon von Mannersdorf bei Angern, Niederösterreich, weist eine noch größere Ileumbreite auf, 700 mm vor dem Tuber coxae gemessen.

Das Ileum des „*D. gigantissimum*" aus Manzati in Rumänien (G. STEFANESCU 1894) ist 1130 mm lang, also relativ nicht viel länger als das Hüftbein aus Breitenfeld, wogegen das Becken des *D. bavaricum* aus Franzensbad (Naturhistorisches Museum Wien) mit seiner Gesamtbreite von nur 1,3 m viel kleiner als das Breitenfelder wirkt.

C. Holzmannsdorfberg

Die beiden aus der Sandgrube EDELSBRUNNER geborgenen Halswirbeln ermöglichen, solche des *D. giganteum* von jenen des *M. longirostris* sicher unterscheiden zu können.

Die Maße des ersten Halswirbels sind die folgenden:

Breite (mit den Alae atlantes)	410 mm
Maximalhöhe	225 mm
Maximalabstand zwischen den Außenrändern der Condylarflächen	248 mm
Maximalabstand zwischen den Außenrändern der kaudalen Gelenkflächen	224 mm
Maximalbreite einer Fossa condyloidea	88 mm
Deren Maximalhöhe	110 mm
Maximalbreite einer Facies art. caudalis	81 mm
Deren Maximalhöhe	90 mm
Breite und Höhe des Canalis vertebralis	83 × 122 mm
Breite und Höhe des Canalis neuralis	102 × 56 mm
Antero-posteriorer Durchmesser des Arcus dorsalis	66 mm
Höhen/Breitenindex	54,8 %

Alle diese Maße sind viel zu hoch, als daß man den vorliegenden Atlas mit dem kleinen aus dieser Sandgrube stammenden *D. levius*-Unterkiefer in Verbindung bringen könnte.

Die Hauptunterschiede des vorliegenden *D. giganteum*-Atlas gegenüber jenem des *M. longirostris* aus Breitenfeld zeigen sich in Oberansicht vor allem darin, daß der Arcus dorsalis des *D. giganteum* eine antero-posterior viel schmälere Knochenbrücke darstellt, weshalb die kaudalen Gelenkflächen weit mehr hervorstehen.

Das Tuberculum dorsalis ist gut geprägt, der Arcus aufgetriebener (Höhe 53 mm) als bei *M. longirostris* (Höhe 37 mm). Die beiden Foramina alaria für den Halsnerv liegen viel weiter auseinander (212 mm) als am *M. longirostris*-Atlas aus Breitenfeld (157 mm).

In der Kranialansicht fallen die wesentlich kleineren-beschränkteren Gelenkflächen zur Aufnahme der Schädel-Condylen auf, weiters der scharfe, flachbogige Kranialrand des Arcus dorsalis, darin links und rechts je ein großes Foramen alare, die am *M. longirostris*-

Atlas in dieser Ansicht nicht zu sehen sind, ferner der viel größere-breitere Vertebralkanal, auch die geräumigeren Foramina transversaria.

In Kaudalansicht tritt auch der scharfe Kaudalrand des aufgetriebenen Arcus dorsalis gut hervor, so auch der sehr geräumige Vertebral- und Neuralkanal, wie auch die weite Fovea dentis. Auffallend ist die Lage der beiden flachen, gerundet dreieckigen Gelenkflächen für den Epistropheus. Sie sind im Gegensatz zu *M. longirostris* nicht nur höher als breit, sondern flächenmäßig auch beschränkter. Ihre Innenränder verlaufen parallel mit dem Vertebralkanal, die oberen Ränder mit dem Arcus dorsalis, während bei *M. longirostris* und *angustidens* die oberen Ränder quergerichtet und mit den Innenrändern spitzwinkelig zusammentreffend, tief in den Vertebralkanal hineinragen und diesen stark einengen.

Seinen Merkmalen nach stimmt der vorliegende *Dinotherium*-Atlas mit dem von F. M. BERGOUNIOUX-F. CROUZEL (1962, Fig. 3C) abgebildeten Exemplar aus Spanien gut überein.

Der aus der Sandgrube EDELSBRUNNER zutage geförderte Unterkiefer (Inv.-Nr. 61.899, Abb. 30a—b) ist vollständig erhalten. Durch seine Kleinheit, schlanke Gestaltung und seinen Merkmalen nach weicht er von den beiden oben behandelten *giganteum*-Unterkiefern der Steiermark, aber auch des Auslandes stark ab und rollt erneut die Diskussion auf, wie er benannt werden soll.

Schon lange sah man sich auch in Österreich vor das Problem gestellt, wie die mittelgroß bis großen *Dinotherium*-Formen unseres Mittel- und Jungmiozäns zu benennen wären: als *levius*, aff. *giganteum*, *bavaricum-giganteum* Übergangsformen (K. M. WANG, H. ZAPFE, E. THENIUS) oder ob man im Sinne von F. M. BERGOUNIOUX-F. CROUZEL (1961/62) alle die großen mio-pliozänen Funde nur einer Art, *D. giganteum*, zuschreiben soll.

I. GRÄF (1957) führte am deutschen, besonders am rheinhessischen *Dinotherium*-Material eine eingehende Merkmalsanalyse durch, um das Einzelgepräge von *bavaricum*, *levius* und *giganteum* brauchbar ergründen und erfassen zu können.

F. M. BERGOUNIOUX-F. CROUZEL (1961/62) wiesen dagegen darauf hin, daß die von den verschiedenen Autoren angeführten Merkmale nur wenig reellen Wert haben, *levius* und *giganteum* voneinander praktisch nicht zu unterscheiden, ja sogar die Unterschiede zwischen *bavaricum* und *giganteum* nur gradueller Natur sind. Dementsprechend faßten sie auch die mittelgroß bis großen Miozänformen Spaniens, die von M. CRUSAFONT PAIRO (1954, 1958) bishin als *levius* oder *giganteum levius* angeführt wurden, alle als *D. giganteum* zusammen.

L. GINSBURG hielt dagegen auch noch 1963 an der artlichen Selbständigkeit des *D. levius* bezüglich der großen französischen Miozänformen fest.

R. DEHM reihte 1949 die beiden, aus der jungtertiären Oberen Süßwassermolasse Süddeutschlands bekannt gewordenen Formen *D. bavaricum* und *D.* aff. *giganteum* zu, 1963 (S. 13) erwägt er jedoch die Möglichkeit der Beibehaltung des Artnamens *levius*.

Bezüglich der Steiermark, also SO-Österreichs, sah ich mich auf Grund neuer Funde aus dem Altsarmat des benachbarten Bundeslandes Kärnten (St. Stefan im Lavanttal) schon 1957 veranlaßt, mich mit den von *bavaricum* und *giganteum* abweichenden Merkmalen unserer mittelgroß bis großen Miozänformen etwas eingehender zu befassen und diese, als wahrscheinlichste Lösung, mit *D. levius* JOURD. des französischen und deutschen Miozäns zu identifizieren.

Die Bearbeitung eines neuen mittelmiozänen *Dinotherium*-Materials aus der Steiermark (St. Oswald bei Gratwein) bestärkte mich in dieser Auffassung, und ich konnte 1958 diese Art von unserem Mittelmiozän bis zum Spätsarmat nachweisen (St. Oswald bei Gratwein, Dietersdorfberg bei Mureck, Oberdorf bei Weiz, Badenbrunn bei Gnas, Trössing bei Gnas, Schildbach bei Hartberg usw.), nicht nur auf Grund von Einzelzähnen, sondern auch nach Kiefermerkmalen.

Das Unterkieferbruchstück aus Dietersdorfberg bei Mureck, SO-Steiermark, wurde nämlich von V. HILBER (1915) in Unkenntnis des wahren geologischen Alters des Fundes als *D. giganteum* bezeichnet, wobei er aber auf die *levius*-Züge des schmächtigen Kieferkörpers und auch der Zahnstruktur hinwies.

Spätere geologische Aufnahmen seitens A. WINKLER v. HERMADEN haben das obermiozäne, jungsarmatische Alter des Fundes bestätigt. In Anwendung der von I. GRÄF 1957 herausgearbeiteten und meinerseits mit einigen weiteren Beobachtungen ergänzten Merkmalsanalyse wies ich 1957/58, 1961 auf die von *bavaricum* und *giganteum* abweichenden, mit *levius* jedoch übereinstimmenden Züge der Zahnreihe und des Kieferkörpers hin.

Nun zeigt der aus dem älteren Unterpliozän der Sandgrube am Holzmannsdorfberg vorliegende kleine Unterkiefer eine weitgehende Übereinstimmung mit dem Mandibelfund aus dem Obermiozän von Dietersdorfberg.

Daß seine Kleinheit durch kein jugendliches Alter bedingt ist, zeigt die bereits vorgeschrittene Abkauung der M_1 an, anderenteils auch der Vergleich mit dem von J. J. KAUP (Add. Taf. I, Fig. 1a—b) abgebildeten juvenilen *D. giganteum*-Unterkiefer aus Eppelsheim, der schon die meisten *giganteum*-Züge gut ausgebildet aufweist.

Bezüglich der Mandibel-Morphologie sieht I. GRÄF (1957) in der Ramus ascendens-Gestaltung, in der Lage der Foramina mentalia und im Bau des Rostrums, der Symphyse, unterscheidende Merkmale zwischen den einzelnen Arten, indem von *bavaricum* bis *giganteum* ein Steilerwerden der aufsteigenden Äste bzw. ein steileres Abwärtsbiegen der Symphyse stattgefunden hat.

Wie das die in der Tabelle 8 angeführten Meßwerte bezeugen, aber auch das Überprüfen der einzelnen morphologischen Merkmale ergab, haben wir es mit keiner persistierenden *bavaricum*-Form zu tun. Die wichtigsten *bavaricum*-Kiefermerkmale (abgeschrägter Angulus, breiter, etwas nach hinten neigender Ramus ascendens, weiter zurückgelegene Lage der Foramina mentalia) zeigt unser Fund nicht, aber auch in der Zahnstruktur konnten nur wenige solche primitive Züge nachgewiesen werden.

Der *levius*-Gestaltung (relativ schlanker-hoher, steiler Ramus ascendens mit hochliegendem Condylus und geprägtem, flachem, oben nur gering gerundetem Processus coronoideus, wenig ausgebuchteter Angulus) entspricht jedoch unser Neufund in hohem Maße, nur ist der Angulus des vorliegenden Unterkiefers etwas kräftiger, als am Exemplar aus La Grive St. Alban (CH. DEPÉRET 1887, Taf. XXII) ausgebildet, so auch die Symphyse vorn etwas aufgetriebener.

Vom sehr breiten und niedrigen Ramus ascendens mit dem nach kaudal mächtig hervortretenden Angulus, mit dickerem, etwas nach vorn geneigtem und proximal spitzerem Proc. coronoideus des *D. giganteum* der Steiermark und aus Eppelsheim ist der vorliegende Unterkiefer sehr verschieden.

Das Rostrum, die Symphyse der kleinen Mandibel aus Holzmannsdorfberg erscheint im Vergleich mit *D. giganteum* als weit schmächtiger, kürzer. Sogar der jugendliche Unterkiefer aus Eppelsheim (Din. 467) zeichnet sich durch weit höhere Werte aus. Zwei Indizes drücken das Verhältnis recht gut aus. Der sagittale Durchmesser der Symphyse zur Kieferlänge (vom P_3-Vorderrand zum Angulus-Hinterrand) einerseits, ihr vertikaler Durchmesser zur selben Kieferlänge anderenteils ergibt folgende Werte:

Holzmannsdorfberg	28,5%	Holzmannsdorfberg	42,5%
Breitenfeld	28,9%	Fuensaldana	58,4%
Eppelsheim-Typus	29,2%	Castrillo	58,8%
Fuensaldana	32,4%	Hausmannstetten	61,1%
Cerecinos	34,9%	Cerecinos	69,0%
Castrillo	36,7%	Eppelsheim-Typus	79,7%
Hausmannstetten	41,8%		

Von den angeführten Mandibeln hat die vom Holzmannsdorfberg die schwächste, der von K. F. PETERS 1871 abgebildete Unterkiefer aus Hausmannstetten die vorn aufgetriebenste

Symphyse, gleichzeitig ergibt sich auch, daß unser Neufund auch das kürzeste, die Eppelsheimer Typusmandibel (Din. 466) das längste Rostrum besitzt.

Die stark nach unten gebogene und vorn aufgetriebene Symphysengestaltung der großen Miozänformen Spaniens ist also keine Einzelerscheinung, wie das von den Autoren behauptet wird, der große Unterkiefer aus Hausmannstetten in der Steiermark übertrifft sie diesbezüglich.

Erst im Vergleich mit dem Hausmannstettner Unterkiefer kommt die kurze, schlanke, vorn wenig aufgetriebene und weniger steil gestellte, der von CH. DEPÉRET (1887) und I. GRÄF (1957) wiedergegebenen *levius*-Morphologie gut entsprechende Symphysenformung unseres kleinen Neufundes so richtig zum Ausdruck.

Der Symphysenhinterrand liegt am vorliegenden Unterkiefer unter dem Vorderjoch des P_4, wie das nach I. GRÄF (1957, S. 168) für *levius* bezeichnend ist.

Die stärkere Abwärtsbiegung des Kieferunterrandes beginnt, wie am *levius*-Exemplar aus dem Jungmiozän von La Grive St. Alban, erst unter der Hinterwurzel des P_3, an der *giganteum*-Mandibel aus Hausmannstetten, aber auch an den von R. DEHM 1949, Taf. II, Fig. 2 und von F. M. BERGOUNIOUX-F. CROUZEL 1962 abgebildeten Unterkiefern bereits unter dem M_1.

Die Symphysealrinne ist an unserem Fund (Abb. 30b) relativ breit, 85 mm, aber seicht, sie verflacht schon gut ober den I-Alveolen, während sie bei *D. giganteum* (Steiermark, Eppelsheim) schmal und relativ tief bis zu den I-Alveolenrändern reicht.

Bezüglich der Foramina mentalia besitzt der kleine vorliegende Unterkiefer interessanterweise nicht zwei, sondern vier solche: Das oberste Foramen 61 mm unter der Hinterwurzel des P_3, zwei weitere nur 2 bzw. 3 mm davor 81 bzw. 96 mm unter der Vorderwurzel des P_3 und eine vierte Öffnung, 39 mm vor dem dritten Foramen, sich schon vor-unter dem P_3 befindend. Die Lage des oberen und unteren Foramen mentale würde nach I. GRÄF (1957) den für *D. giganteum* bezeichnenden Verhältnissen entsprechen, doch wies ich schon 1957/58 auf die Variabilität bezüglich der Lage der Mentallöcher hin, außerdem sei hervorgehoben, daß am, seinen Merkmalen nach *levius*-Gepräge aufweisenden Unterkiefer aus dem Jungsarmat von Dietersdorfberg bei Mureck, von den drei vorhandenen das obere Foramen mentale ebenfalls unter der Hinterhälfte des P_3 liegt.

Der große, von R. DEHM 1949 abgebildete Unterkiefer aus Günzelhofen bei Nannhofen (*D.* aff. *giganteum*) und zwei der von F. M. BERGOUNIOUX-F. CROUZEL (1962) gebrachten Exemplare zeigen disbezüglich *bavaricum*-Züge.

D. bavaricum und *D. levius* haben nach CH. DEPÉRET, L. MAYET und I. GRÄF im allgemeinen schlankere, kürzere, stumpfere, nach unten-außen stärker divergierende Stoßzähne als *D. giganteum*, was auch für den neuen, vorliegenden Fund zutrifft.

Die beiden schlanken, auffallend stumpfen I sind stärker nach rückwärts gebogen und mit den Enden nach außen gedreht, wie das auch den *D. levius*-Unterkiefer aus dem Jungmiozän von La Grive St. Alban (CH. DEPÉRET 1887, S. 198) bezeichnet. Der an der Basis zwischen den beiden Stoßzähnen gemessene Abstand beträgt 20 mm, der zwischen den beiden Spitzen 193 mm. Von den sehr starken, massig gebauten, wenig divergierenden, sich den Enden zu stark verjüngenden Stoßzähnen des *D. giganteum*-Exemplars aus Hausmannstetten bei Graz weichen sie stark ab, es fehlen ihnen auch die für die *giganteum*-I bezeichnenden inneren und äußeren Längsfurchen.

Sehr ähnliche, stumpfe Stoßzähne besaßen auch die sarmatischen *levius*-Exemplare der Steiermark, wogegen die *giganteum*-Mandibeln aus Eppelsheim, die aus Günzelhofen, noch mehr aber die Vindobon-Typen aus Spanien sehr lange und stark nach hinten gebogene Stoßzähne hatten.

Als einigermaßen brauchbares Unterscheidungsmerkmal bezeichnete I. GRÄF (1957) das Verhältnis des Sagittaldurchmessers der Stoßzähne zu deren vorderen Krümmungslänge, welcher Index am Holzmannsdorfer Unterkiefer 23,6% ausmacht, also in die diesbezügliche Variationsbreite des *D. levius* fällt (20,6—24,7%).

Für *D. bavaricum* ist dieser Index niedriger (16,3—18%), für *D. giganteum* höher, über 25%.

Die Stoßzähne des *D. giganteum*-Unterkiefers aus Hausmannstetten bei Graz weisen einen diesbezüglichen Index von 26,6%, die des Din. 466 aus Eppelsheim einen von 26,5%, dieses Merkmal scheint wahrlich gut brauchbar zu sein. Bezeichnend ist, daß von den drei von F. M. BERGOUNIOUX-F. CROUZEL (1962) abgebildeten Mandibeln diesbezüglich keine dem *giganteum*-Gepräge, sondern der Fuensaldaña und der Cerecinos de Campos-Uk *bavaricum*, das Castrillo de Villavega-Exemplar *levius* entspricht.

Hinsichtlich des Divergierens der beiden Mandibeläste fällt das geringe Auseinanderstreben dieser am Holzmannsdorfer und die starke Divergenz der Vindobon-Typen aus Spanien auf. Die beiden *giganteum*-Uk der Steiermark (Breitenfeld, Hausmannstetten) divergieren ebenfalls nur wenig.

Bezüglich der Zahnstruktur (Abb. 31) ist vorerst der vom Protokonid noch deutlich getrennte, gegenüber *bavaricum* nach hinten verschobene vordere Innenhöcker der relativ großen P_3 bemerkenswert. Die zwischen den beiden Vorderhöckern an der Lingualseite des Zahnes vorhandene flache Rinne ist bis zum Zahnhals verfolgbar, der Vorderrand der P_3 etwas gerundet, der Vordertuberkel über dem Vordercingulum nur schwach entwickelt. Der hintere Innenhöcker ist sehr stark entfaltet, mit dem hinteren Außenhöcker parallel gelagert und mit diesem durch eine kräftige Kaudalleiste verbunden. Alles Merkmale, die *D. levius* kennzeichnen.

Auch an den P_3 des *levius*-Unterkiefers aus dem Spätmiozän von Dietersdorfberg bei Mureck in der SO-Steiermark, waren die beiden Vorderhöcker voneinander noch gut getrennt (V. HILBER 1915, M. MOTTL 1957/58).

Die P_3 der *levius*-Typusmandibel scheinen etwas evoluierter zu sein (CH. DEPÉRET 1887, Pl. XXII, Fig. 3), die Trennfurche zwischen den beiden Vorderhöckern ist auf der Abbildung nicht sichtbar.

Die Zweispitzigkeit des Vorderlobus dieser Zähne ist am *D. giganteum*-Exemplar aus Hausmannstetten bei Graz nur mehr angedeutet, und an den typischen, evoluierten *D. giganteum*-P_3 der Steiermark (z. B. Höllgraben bei Kornberg bei Feldbach) sind die beiden Spitzen miteinander, wie bereits erwähnt, schon ganz verschmolzen, der Zahn vorn von typisch keilförmigem Umriß.

Die beiden P_4 sind am Vorderjoch deutlich breiter als am Hinterjoch, der diesbezügliche Index beträgt 103,7, wie das für *levius* bezeichnend ist, wogegen bei *D. giganteum* das Metalophid schmäler als das Hypolophid ist. Ein vom Protokonid ausgehender hoher, krenulierter Schmelzwulst umschließt vorn eine napfförmige Vertiefung, die im Gegensatz zu *bavaricum* lingual offen ist, und es ist auch ein kurzer, aber gut geprägter Hinteransatz vorhanden, weitere Züge, die auch andere *levius*-P_4 der Steiermark (Oberdorf bei Weiz, Dietersdorfberg bei Mureck, St. Oswald bei Gratwein bei Graz) aufweisen. Die Hinteransatzbreite beträgt 55,5% der Hinterjochbreite, ein etwas konservatives, *D. bavaricum*-P_4 der Steiermark bezeichnendes Merkmal. Die *levius*-P_4 der Steiermark besitzen eine geringere (43,6—48%) Hinteransatzbreite.

Als ein unterscheidendes Merkmal zwischen *levius* und *giganteum*-M_1 betrachtet I. GRÄF (1957, S. 150) die Talonidbreite in bezug auf die Nachjochbreite. An den vorliegenden M_1 fand ich diesen Wert mit 50%, er entspricht also dem *levius*-Mittel (44,3—54,5%), während die *giganteum*-Indizes viel höher sind (58—77,9%). Das Nachjoch (Tritolophid) ist gut schmäler als die beiden vorderen Joche.

Die M_2 des vorliegenden kleinen Unterkiefers haben ein etwas schmäleres Hinterjoch und einen im Verhältnis zum Hinterjoch relativ kurzen, mäßig abstehenden Hinteransatz (50%), ein Wert, der unter dem, von I. GRÄF angegebenen *levius*-Minimum (53,3 bis unter 67%) liegt und für *bavaricum* (50,6—72%) zutrifft, während die *giganteum*-M_2 einen diesbezüglich hohen Index (67—80,4%) aufweisen.

Der entsprechende Wert beträgt für den sarmatischen *levius* der Steiermark 59,9%, für die jungmittelmiozäne 64%, beide fügen sich in die Variationsbreite des *D. levius*.

An den M_3 des vorliegenden Unterkiefers ist das Hinterjoch schmäler als das Vorderjoch, das Talonid trianglär, gut entwickelt und vom Hypolophid gut abstehend, wie das *bavaricum* und *levius*, sowie die konservativen *giganteum*-M_3 bezeichnet, während die evoluierten *giganteum*-M_3 einen sehr quergedehnten, doch sagittal relativ schmalen und wenig vorspringenden Hinteransatz haben.

Die sagittal am Talausgang gemessene Basis des vorderen Innenhöckers ist stärker (39 mm) als die des vorderen Außenhöckers (33 mm), ein Merkmal, das *D. bavaricum* und *D. giganteum* eigen ist, während bei *D. levius* nach I. GRÄF (1957, S. 162) die Metakonidbasis schwächer zu sein pflegt als die des Protokonids.

Cingulumteile sind am P_3 mesial und kaudo-lateral, am P_4 bis M_3 mesial-lateral zu beobachten.

Ausgenommen die P_3-Länge liegen alle die Zahnmaße innerhalb der *levius*-Variationsbreite. Infolge des relativ großen P_3 (Länge 65 mm) nehmen die Prämolaren 35,2% in der Gebißreihe ein, sie übersteigen also den von I. GRÄF für *levius* gegebenen Grenzwert (33,6%). Die Tatsache, daß die Prämolarenlänge von *bavaricum* bis *giganteum* an relativer Länge zunimmt, würde den vorliegenden *levius*-Unterkiefer zu den diesbezüglich evoluierten Typen stellen.

Der oben angeführten Kiefer- und Zahnanalyse nach ergibt sich für die kleine Mandibel aus Holzmannsdorfberg ein überwiegendes *levius*-Gepräge und somit ein Übereinstimmen mit diesbezüglichen französischen und deutschen (Hinterauerbach) Funden. Die durchgeführten Vergleiche würden für die Selbständigkeit dieser Art sprechen und ihre Existenz für SO-Österreich vom Mittelmiozän bis zum Unterpannon (älteres Unterpliozän) nachweisen.

M. CRUSAFONT PAIRO bestätigte (1948) das Vorhandensein des *D. levius* ebenfalls auch noch im Vallesiense, I. GRÄF (1957) in den unterpliozänen Dinotheriensanden Rheinhessens. In Spanien und in Süddeutschland kommt im Unterpliozän auch noch *D. bavaricum* vor, während im Pannon Österreichs von dieser kleinen Art bisher eine jede Spur fehlt, auch im Sarmat der Steiermark konnte ich sie nicht feststellen.

Beachtlich ist die Tatsache, daß allein der Größe nach eine spezifische Trennung sehr oft nicht möglich ist, da der Größenunterschied, womöglich zumeist auf einem Geschlechtsdimorphismus beruhend, unter den *D. bavaricum*-Funden der Steiermark bis 17,8%, unter solchen des *D. levius* bis 26% und unter jenen des *D. giganteum* bis 29% beträgt.

Im Vergleich zum kleinen Unterkiefer aus Holzmannsdorfberg erscheinen die von F. M. BERGOUNIOUX-F. CROUZEL (1962) aus dem Vindobonien Spaniens beschriebenen Mandibeln als ganz anderswie gestaltet, wahrlich „gigantoid", wenn auch mit noch mehreren primitiven Zügen behaftet zu sein.

Der auffallende Unterschied würde die Annahme stützen, daß bereits im Mittelmiozän eine dichotome Aufspaltung des *bavaricum*-Stockes in die Arten *levius* und *giganteum* erfolgte, wofür auch die *bavaricum*-Merkmale der steirischen *levius*- und der altpannonischen *giganteum*-Exemplare, aber auch die *bavaricum*-Züge der vindobonischen Mandibeln Spaniens einerseits, die gigantoiden P_3-Mutanten (mit reduziertem Innenhöcker des Vorderlobus) unter den mittelmiozänen *bavaricum*-Funden aus Leoben in der NW-Steiermark andererseits sprechen würden.

D. levius würde die konservativere, *D. giganteum* die progressivere Entfaltungslinie darstellen.

Erwähnenswert sind die Gedankengänge von R. MUSIL (1959), der *D. gigantissimum* STEF., entgegen anderen Autoren, nicht als Synonym des *D. giganteum*, auch nicht als dessen Varietät, sondern zusammen mit I. GRÄF (1957) als eine selbständige Art betrachtet, die sich nach ihm nicht aus *giganteum*-, sondern aus *levius*-Populationen herausdifferenzierte, wofür hauptsächlich das Vorhandensein eines Protolophs an den P³ sprechen würde. Gleichzeitig erwähnt R. Musil (S. 85) auch die Wahrscheinlichkeit einer Abspaltung des *D. giganteum* aus *D. bavaricum*, allerdings erst an der Wende Sarmat/Unterpliozän.

Mit *D. levius* erhöht sich die Zahl der im älteren Unterpliozän (= Unterpannon = Pontien inf.) der Steiermark persistierenden Miozänformen auf vier: *Anchitherium aurelianense* (Cuv.), *Dicerorhinus steinheimensis* (Jäg.), *Conohyus simorrensis* (Lart.) und *Dinotherium levius* Jourd.

Angeführte Literatur

ABEL, O., Grundzüge der Paläobiologie der Wirbeltiere. 1912, Stuttgart.
BACH, F., Mastodontenreste aus der Steiermark (Beitr. z. Paläont. Öst. Ung. u. Orients. 23, 1910, Wien).
BERGOUNIOUX, F. M., ZBYSZEWSKI, G. und CROUZEL, F., Les Mastodontes miocènes du Portugal (Mém. Serv. Geol. Portugal, I, N. S. 1953, Lisbonne).
BERGOUNIOUX, F. M. und CROUZEL, F., Tetralophodon curvirostris n. sp. aus dem Unterpliozän (Pontien) von Esselborn (Rheinhessen) (Jahresb. u. Mitteil. Oberrhein. Geol. Ver. N. F. 42, 1960, Stuttgart).
— Les genres Zygolophodon et Turicius en Europe occidentale (Bull. Soc. Hist. Nat. de Bourgogne 19, 1960).
— Classification des Dinotheridés d'Europe (Compt. Rend. Acad. Sci. 253, 1961, Paris).
— Valeur taxonomiques de l'Anancoidie (Ebenda 248, 1959, Paris).
— Les Deinothèridés d'Espagne (Bull. Soc. Geol. de France, Ser. VII, T. IV, 1962, Paris).
CAPELLINI, G., Mastodonti del Museo geologia di Bologna. 1917/18.
— Resti di Mastodonti . . . di Bologna (Mem. Acad. Sci. di Bologna, Ser. 5, III, 1892).
CRUSAFONT-PAIRO, M., El sistema miocenico en la depression espagnola del Vallés Penedés (Proc. Int. Geol. Congr. London, XI, 1948).
DECHASEAUX, C., in PIVETEAU, J., Traité de Paléontologie. 1958, Paris.
DEHM, R., Das jüngere Tertiär in Südbayern als Lagerstätte von Säugetieren, besonders Dinotherien (Neues Jahrb. f. Miner. usw. Abh. 90, B, 1949, Stuttgart).
— Fossilführung und Altersbestimmung der oberen Süßwassermolasse (Erläut. zur geol. Karte von Augsburg und Umg. 1957, München).
— Dinotherium in der Chinji-Stufe der unteren Siwalik-Schichten (Bayer. Akad. d. Wiss. Math.-natw. Kl. N. F. 114, 1963, München).
DEPÉRET, CH., Recherches sur la succession des faunes de vertebrés miocènes de la vallée du Rhone (Arch. Mus. Hist. Nat. de Lyon IV, 1887, Lyon).
FEJFAR, O., The lower Villafranchian Vertebrates from Hajnácka near Filákovo in Southern-Slovakie (Rozpr. Ustr. ústáv. geol. 30, 1964, Praha).
FILHOL, H., Études sur les mammifères fossiles de Sansan (Ann. Sci. Geol. XXI, 1891, Paris).
FLÜGEL, H., Geologie des Grazer Berglandes (Mitteil. Museums f. Bergbau, Geol. u. Techn. a. Landesmus. Joanneum, 23, 1961, Graz).
FRAAS, O., Die Fauna von Steinheim. 1870, Stuttgart.
GAREVSKI, R., Die Mastodonreste beim Bahnhof Čaška in Mazedonien. (Acta Mus. Mazed. Sci. Nat. VII, No. 4, 1960 Skopje).
GAUDRY, A., Les enchainements du monde animal. 1878, Paris.
— Animaux fossiles du Mont Lebéron. 1873, Paris.
GINSBURG, L., Les mammifères fossiles récoltés à Sansan aucours du XIX. siècle (Bull. Soc. Geol. France, Ser. VII, T. V, 1963, Paris).
GRÄF, I., Die Prinzipien der Artbestimmung bei Dinotherium (Palaeontogr. A, 108, 1957, Stuttgart).
HILBER, V., Steirische Dinotherien (Mitteil. Naturwiss. Ver. f. Stmk., 51, 1914, Graz).
KAUP, J. J., Description d'ossements fossiles de mammifères . . . de Darmstadt. 1832—1839, Darmstadt.
— Beiträge zur näheren Kenntnis der urweltlichen Säugetiere. 1857 und 1862, Darmstadt.
KLÄHN, H., Die badischen Mastodonten und ihre süddeutschen Verwandten. 1922, Berlin.
— Mastodon longirostris-arvernensis von Leopoldsdorf in Niederöst. (Verhandl. Geol. Bundesanst. 1929, Wien).
— Die Mastodontenreste des Sarmatikums von Steinheim a. A. (Palaeontogr. Suppl. Bd. III, 1931, Stuttgart).
— Rheinhessisches Pliozän . . . (Geol. Paläont. Abhandl. N. F. 18, 1931).
KOLLMANN, K., Jungtertiär im Steirischen Becken (Mitteil. Geol. Ges. Wien, 57, 2, 1965, Wien).
LAMPRECHT, H., Die Entstehung der Arten. 1966, Wien-New York.
LARTET, E., Notice sur la colline de Sansan. 1851, Paris.
LEHMANN, U., Über Mastodontenreste in der Bayerischen Staatssammlung in München (Palaeontogr. A, 99, 1950, Stuttgart).
MACCAGNO, A. M., Gli elefanti fossili di Riano/Roma (Geologia Romana, I, 1962, Roma).
MACAROVICI, G. N., Restes des mammifères fossiles de la Bessarabie meridionale (Ann. Sci. Univ. Jassy, 22, 1936).
MALEZ, M., Neue Funde der Art D. bavaricum H. v. M. in der Kohlengrube Repovica b. Konjic (Glasn. Zemaljs. Muz. Prir. Nauke, III—IV, 1965, Sarajevo).
MAYET, L., Études des mammifères miocènes de sable de l'Orléanais et de Faluns de la Tourraine (Ann. Univ. Lyon, N. S. 1, 24, 1908, Lyon).
MELENTIS, J. K., Die Osteologie der pleistozänen Proboscidier des Beckens von Megalopolis in Peloponnes (Ann. Geol. des Pays Hell. 1963, Athen).
MOROSAN, N. N., Dinotheridés de Bessarabie (Ebenda).
MOTTL, M., Die mittelpliozäne Säugetierfauna von Gödöllö b. Budapest (Mitteil. Kgl. Geol. Anst. 32, 1939, Budapest).
— Neuer Beitrag über die Säugetierfauna von Penken b. Keutschach, Kärnten (Carinthia II, 65, 1955, Klagenfurt).
— Bericht über die neuen Menschenaffenfunde aus Österreich, von St. Stefan i. L., Kärnten (Carinthia II, 67, 1957, Klagenfurt).
— Neue Proboscidierfunde aus dem Sarmat der Steiermark (Mitteil. d. Museums f. Bergbau, Geol. u. Technik am Landesmus. Joanneum, H. 19, 1958, Graz).
— Neue Säugetierfunde aus dem Glanzkohlenbergbau von Fohnsdorf, Steiermark (Ebenda, H. 22, 1961, Graz).
— Eine neue unterpliozäne Säugetierfauna aus der Steiermark (Ebenda, H. 28, 1966, Graz).
— Die Säugetierfunde von St. Oswald b. Gratwein, W von Graz in der Steiermark (Festband des Landesmuseums Joanneum, 1969, Graz).

MUSIL, R., Ein neuer Fund von Dinotherium in Südmähren, Tschechoslowakei (Acta Mus. Morav. 41, 1956, Brno).
OSBORN, H. F., Proboscidea I. 1936, New York.
PAPP, A., Zur Nomenklatur des Neogens in Österreich (Verhandl. Geol. Bundesanst. 1—2, 1968, Wien).
PAPP, A. und THENIUS, E., Vösendorf, ein Lebensbild aus dem Pannon des Wiener Beckens (Mitteil. Geol. Ges. Wien, 46, 1954, Wien).
PETERS, K. F., Unterkiefer eines Dinotherium giganteum Kaup, gefunden bei Breitenhilm nächst Hausmannstetten (Verhandl. Geol. Reichsanst. 1871, Wien).
— Über Reste von Dinotherium aus der obersten Miozänstufe der südlichen Steiermark (Mitteil. Naturwiss. Ver. f. Stmk., 1871, Graz).
PETRONIJEVIĆ, Ž. M., Die mittelmiozäne und untersarmatische Säugetierfauna Serbiens (Palaeont. Jugoslavica 7, 1967, Zagreb).
RAKOVEC, I., O najdbah mastodonta (M. arvernensis Croiz. Job.) na Stajerskem (Slov. Akad. znan. umetn. razr. prirod.-med. 1, 1951, Ljubljana).
— O novi najdbi mastodontovih ostankov na Slovenskem (Geol. Razpr. in Poroč. 2, 1954, Ljubljana).
— Zygolophodon turicensis (Schinz) aus Kraljevic, NW-Jugoslawien (Jugosl. Akad. znan. umetn. Acta geol. V, 1965).
— O Mastodontih iz Saleška doline (Slov. Akad. znan. umetn. Cl. IV, Razpr. XI/8, 1968, Ljubljana).
ROGER, O., Über Dinotherium bavaricum H. v. M. (Palaeontogr. 32, 1885/86, Stuttgart).
RUTTEN, L. M. R., Die diluvialen Säugetiere der Niederlande. 1909, Berlin.
SCHLESINGER, G., Studien über die Stammesgeschichte der Proboscidier (Jahrb. d. k. kgl. Geol. Reichsanst. 62, 1912, Wien).
— Die Mastodonten des K. K. Naturhist. Hofmuseums (Denkschr. d. Naturhist. Hofmus. I, 1917, Wien).
— Die stratigraphische Bedeutung der europäischen Mastodonten (Mitteil. Geol. Ges. Wien XI, 1918, Wien).
— Die Mastodonten der Budapester Sammlungen (Geologia Hungarica 2, 1922, Budapest).
SCHLOSSER, M., Die Hipparionfauna von Veles in Mazedonien (Abhandl. Bayer. Akad. Wiss. Math. Phys. Kl. XXIX, 4, 1921, München).
SICKENBERG, O., Eine neue Antilope und andere Säugetierreste aus dem Obermiozän Niederösterreichs (Palaeobiol. II, 1929, Wien).
STEININGER, F., Ein bemerkenswerter Fund von Mastodon (Bunolophodon) longirostris Kaup aus dem Unterpliozän (Pannon) des Hausruck-Kobernaußerwaldgebietes in O.Ö. (Jahrb. Geol. Bundesanst. 108, 1965, Wien).
STROMER, E. v., Huftierreste aus dem unterstpliozänen Flinzsande Münchens (Abhandl. Bayer. Akad. Wiss. 44, 1938, München).
— Der Nachweis fossilführenden untersten Pliozäns in München (Ebenda, N. F. 42, 1942, München).
THENIUS, E., Die Säugetierreste aus dem Jungtertiär des Hausruck und Kobernaußerwaldes (Jahrb. Geol. Bundesanst. 95, 1, 1952, Wien).
— Wirbeltierfaunen (In HOFER, Handb. f. stratigr. Geol., Bd. III, Teil 2, 1959, Stuttgart).
VACEK, M., Über österreichische Mastodonten und ihre Beziehungen zu den Mastodontenarten Europas (Abhandl. Geol. Reichsanst. 7, 4, 1877, Wien).
VAUFREY, R., in PIVETEAU, J., Traité de Paléontologie. 1958.
VIRET, J., Le loess à bancs durcis de St. Vallier (Drome) et sa faune de mammifères villafranchiens (Nouv. Arch. Mus. Hist. Nat. de Lyon IV, 1954, Lyon).
VIRET, J. und BATTETTA, J., Sur une crâne de Tetralophodon grandincisivus de Turquie (Ebenda VI, 1961, Lyon).
WANG, K. M., Versuch zur Neugruppierung der europäischen Dinotherienarten (Mém. Inst. Geol. Nat. Res. Inst. of Chine, VII, 1929, Shanghai).
WEGNER, R. N., Tertiär und umgelagerte Kreide bei Oppeln (Palaeontogr. 60, 1913, Stuttgart).
WEINSHEIMER, O., Über Dinotherium giganteum Kaup (Ebenda, Abhandl. 1, 3, 1883, Stuttgart).
WEITHOFER, K. A., Die fossilen Proboscidier des Arnotales in Toskana (Beitr. zur Paläont. Öst., Ung. u. d. Orients, 8, 1891, Wien).
WINKLER V. HERMADEN, A., Über die sarmatischen und pontischen Ablagerungen im Südostteil des Steirischen Beckens (Jahrb. Geol. Bundesanst. 77, 1927, Wien).
— Die jungtertiären Ablagerungen an der Ostabdachung der Zentralalpen und das inneralpine Tertiär (In SCHAFFER, F. X., Geologie von Öst., 1951, Wien).
— Geologisches Kräftespiel und Landformung. 1957, Wien.
— Neue Beobachtungen im Tertiärbereich des Mittelsteirischen Beckens (Mitteil. Naturwiss. Ver. f. Stmk. 81—82, 1952, Graz).
ZAPFE, H., Die Fauna der miozänen Spaltenfüllung von Neudorf a. M. (ČSR). Proboscidea (Sitzb. Öst. Akad. Wiss. Math. Naturw. Kl. I, 163, 1954, Wien).
— Ein bedeutender Mastodon-Fund aus dem Unterpliozän von Niederöst. (Neues Jahrb. f. Geol. u. Paläont. 104, 3, 1957, Stuttgart).

TAFELN

TAFEL I

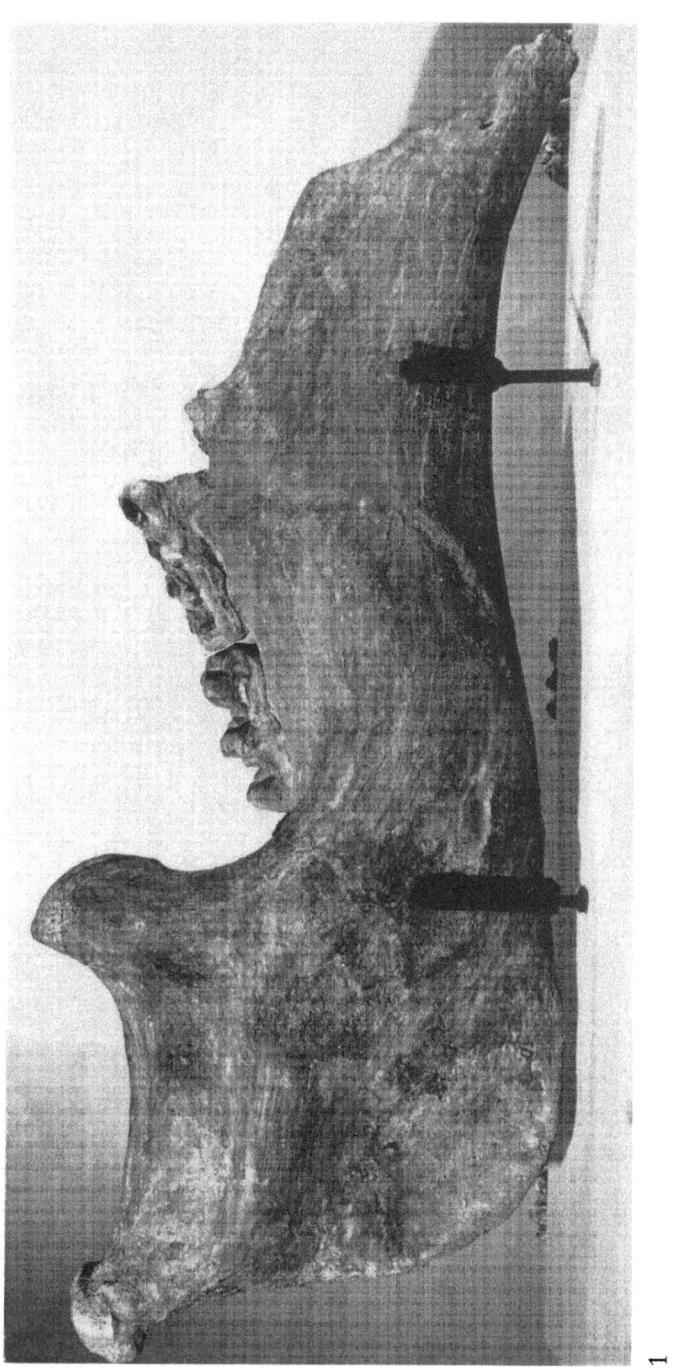

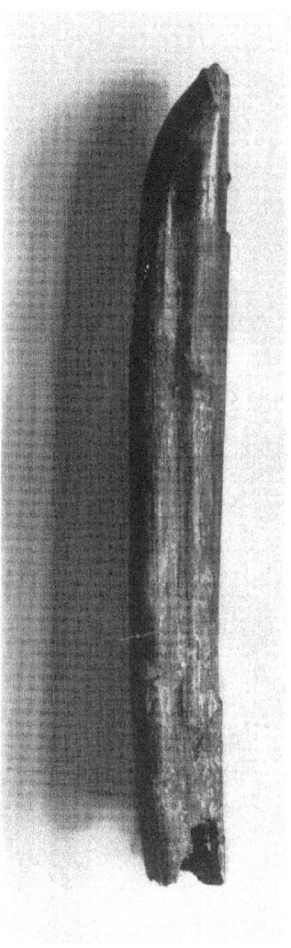

Abb. 1. *Mastodon (Bunolophodon) longirostris* KAUP. Mandibula dexter. Außenansicht. Breitenfeld b. Riegersburg. Etwas weniger als $1/5$ der nat. Gr.

Abb. 2. *Mastodon (Bunolophodon) longirostris* KAUP. I_2 sin. Breitenfeld b. Riegersburg. $1/5$ der nat. Gr.

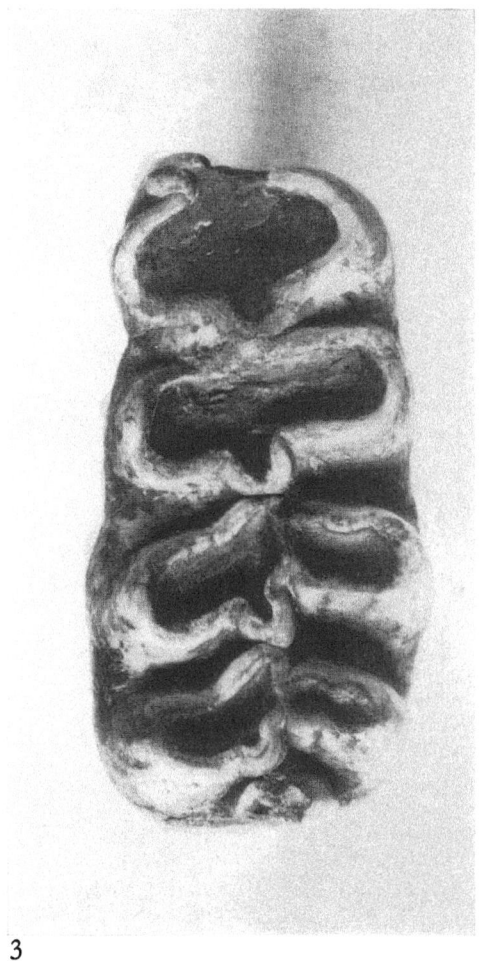

3

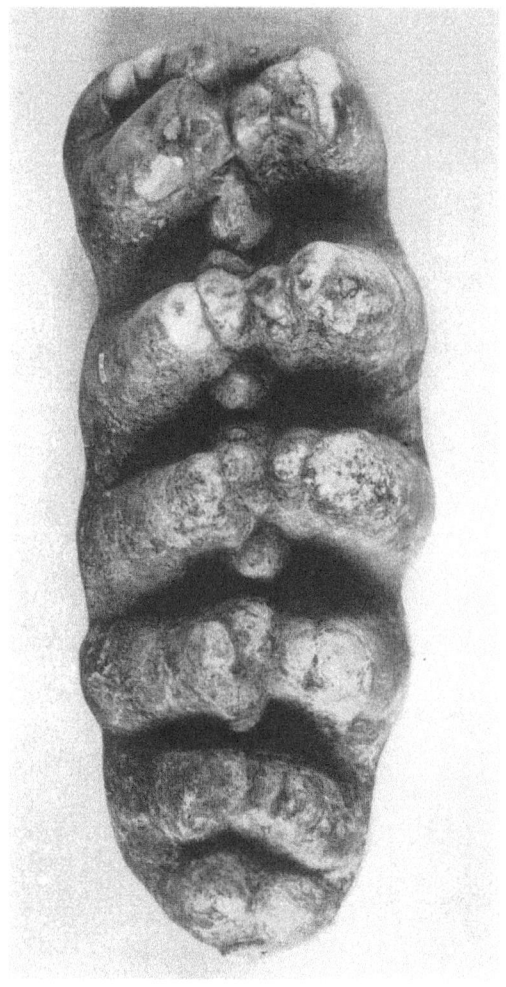

4

5

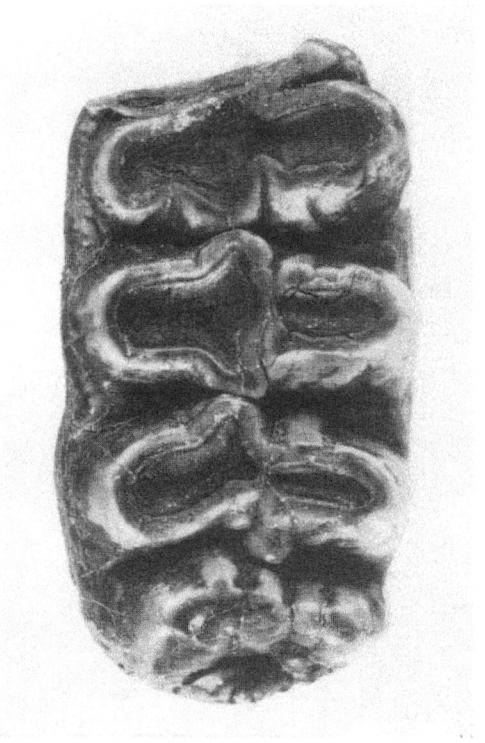

Abb. 3. *Mastodon (Bunolophodon) longirostris* KAUP. M_2 sin. Von oben. Breitenfeld b. Riegersburg. Etwas mehr als $^1/_2$ der nat. Gr.

Abb. 4. *Mastodon (Bunolophodon) longirostris* KAUP. M_3 sin. Von oben. Breitenfeld b. Riegersburg. Fast $^1/_2$ der nat. Gr.

Abb. 5. *Mastodon (Bunolophodon) longirostris* KAUP. M^2 sin. Von oben. Breitenfeld b. Riegersburg. Etwas mehr als $^1/_2$ der nat. Gr.

TAFEL III

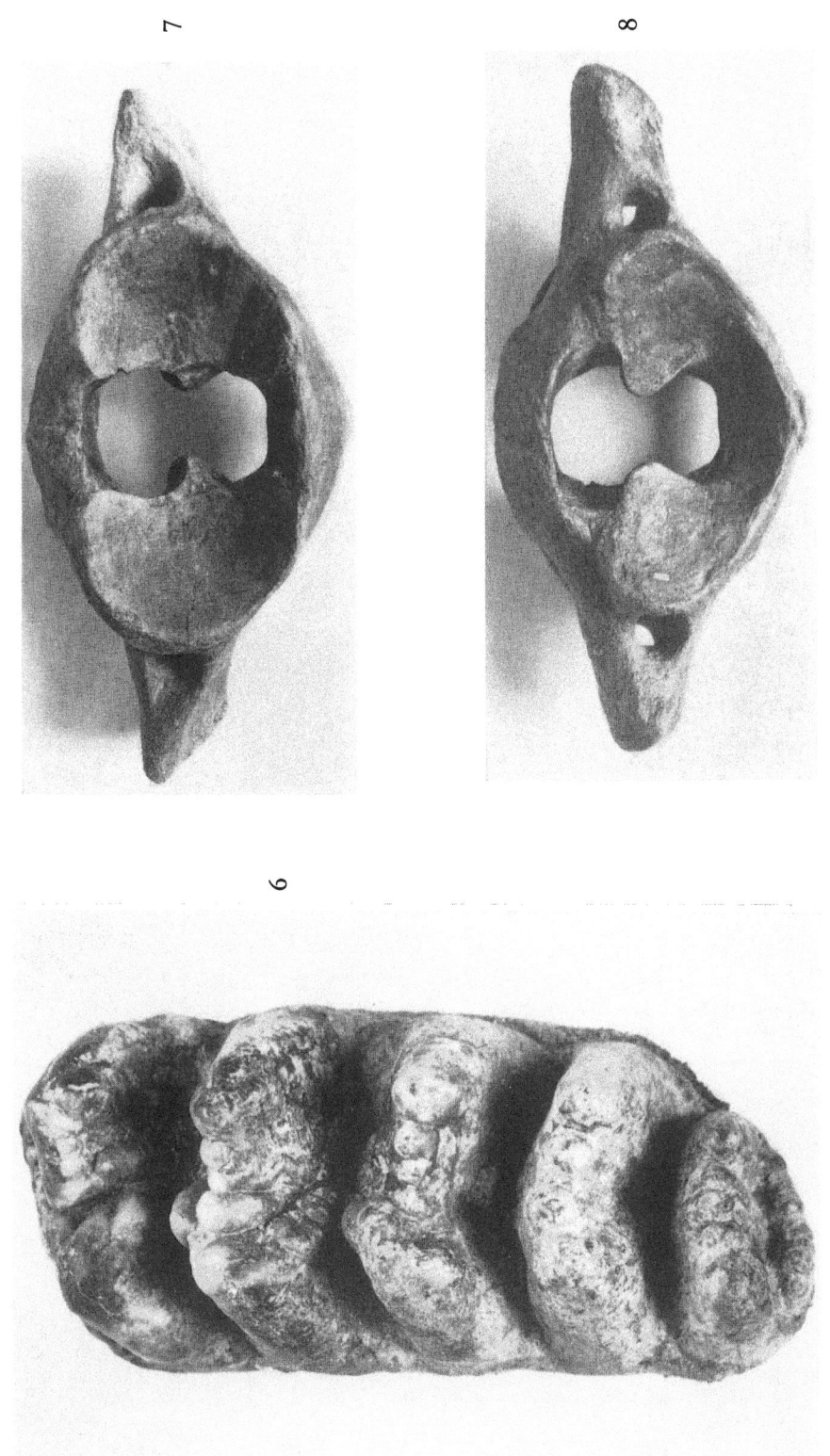

Abb. 6. *Mastodon (Bunolophodon) longirostris* KAUP. M³ sin. Von oben. Breitenfeld b. Riegersburg. Fast ½ der nat. Gr.
Abb. 7. *Mastodon (Bunolophodon) longirostris* KAUP. Atlas. Kranialansicht. Breitenfeld b. Riegersburg. Etwas mehr als ⅕ der nat. Gr.
Abb. 8. *Mastodon (Bunolophodon) longirostris* KAUP. Atlas. Kaudalansicht. Breitenfeld b. Riegersburg. Etwas mehr als ⅕ der nat. Gr.

TAFEL IV

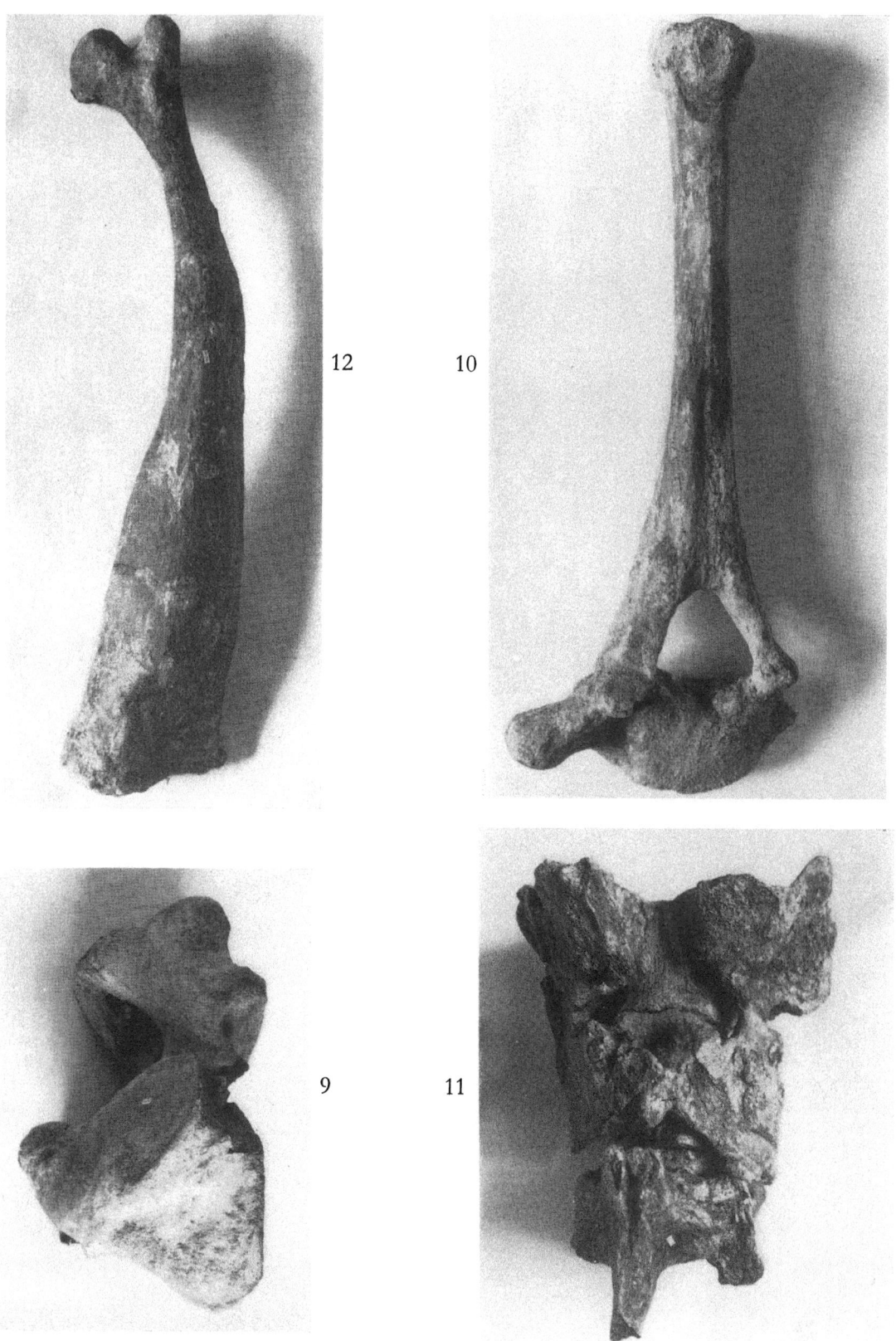

Abb. 9. *Mastodon (Bunolophodon) longirostris* KAUP. Epistropheus. Seitenansicht. Breitenfeld b. Riegersburg. Etwas mehr als $1/5$ der nat. Gr.

Abb. 10. *Mastodon (Bunolophodon) longirostris* KAUP. Vertebra dorsalis. Breitenfeld b. Riegersburg. Etwas weniger als $1/5$ der nat. Gr.

Abb. 11. *Mastodon (Bunolophodon) longirostris* KAUP. Sacrum. Dorsalansicht. Breitenfeld b. Riegersburg. Etwas mehr als $1/5$ der nat. Gr.

Abb. 12. *Mastodon (Bunolophodon) longirostris* KAUP. Vordere Rippe. Breitenfeld b. Riegersburg. Etwas weniger als $1/5$ der nat. Gr.

Abb. 13. *Mastodon (Bunolophodon) longirostris* KAUP. Scapula dexter. Von außen. Breitenfeld b. Riegersburg. Fast ¹/₅ der nat. Gr.

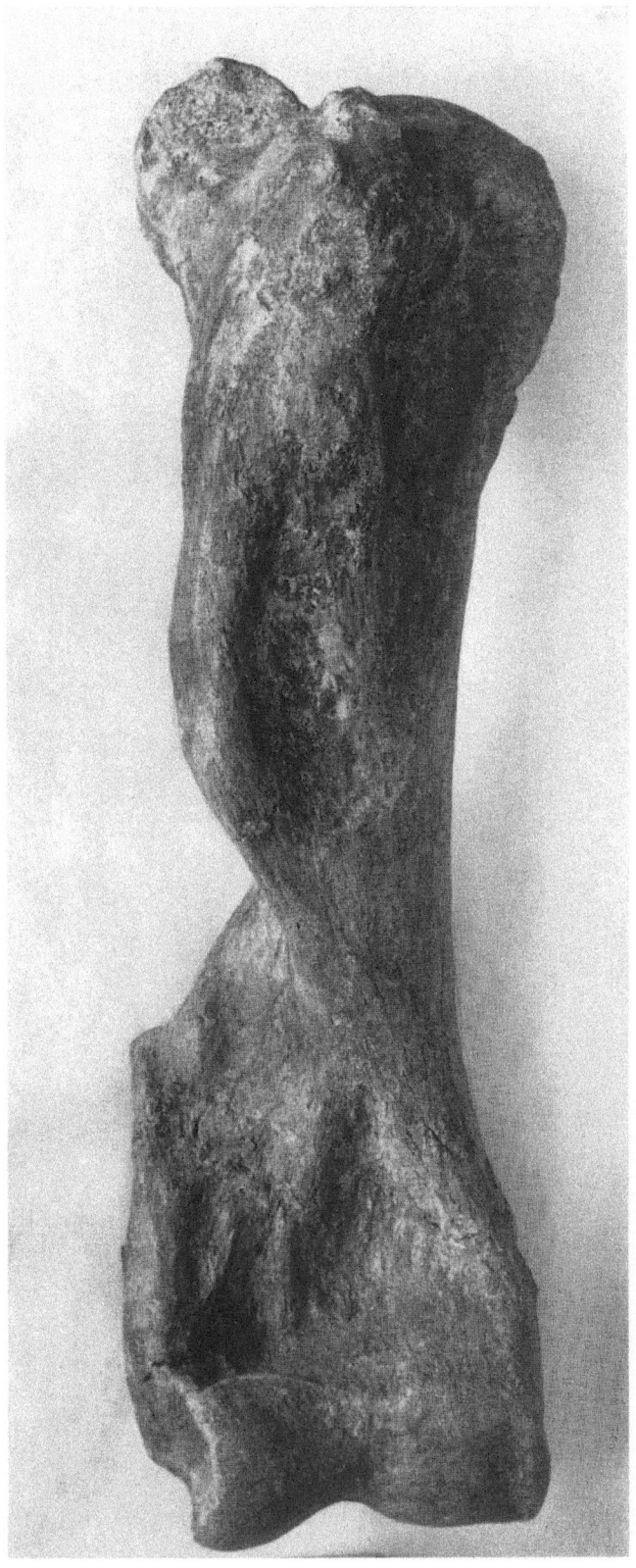

Abb. 14. *Mastodon (Bunolophodon) longirostris* KAUP. Humerus dexter. Vorderansicht. Breitenfeld b. Riegersburg. Etwas mehr als $1/5$ der nat. Gr.

Abb. 15. *Mastodon (Bunolophodon) longirostris* KAUP. Ulna dexter. Von der Seite. Breitenfeld b. Riegersburg. Etwas mehr als ¹/₅ der nat. Gr.

TAFEL VIII

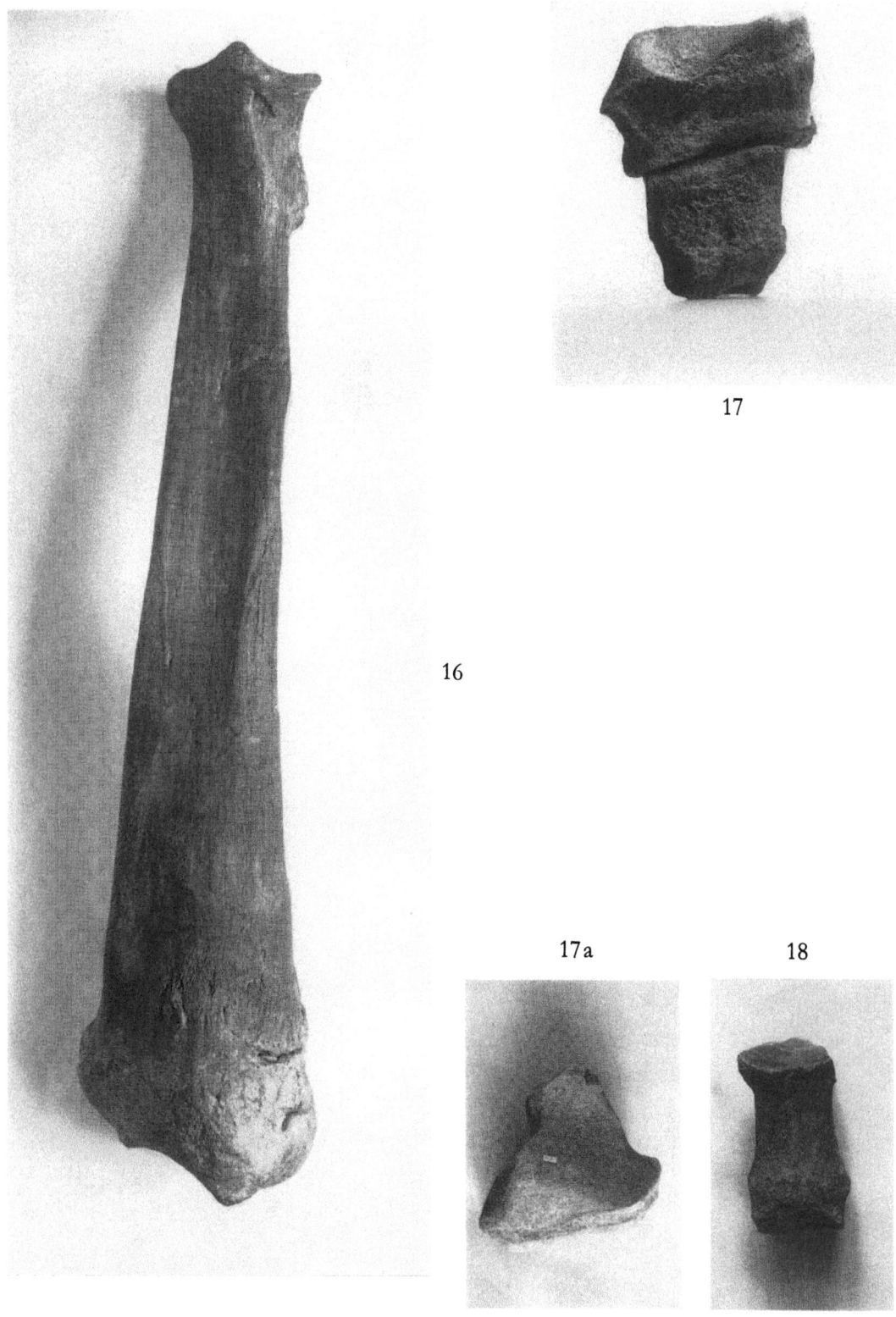

Abb. 16. *Mastodon (Bunolophodon) longirostris* KAUP. Radius dexter. Vorderansicht. Breitenfeld b. Riegersburg. Etwas mehr als ¹/₅ der nat. Gr.

Abb. 17. *Mastodon (Bunolophodon) longirostris* KAUP. Lunare und Magnum dexter. In Gelenkung. Vorderansicht. Breitenfeld b. Riegersburg. ¹/₄ der nat. Gr.

Abb. 17a. *Mastodon (Bunolophodon) longirostris* KAUP. Lunare dexter. Von oben. Breitenfeld b. Riegersburg. Etwa ¹/₅ der nat. Gr.

Abb. 18. *Mastodon (Bunolophodon) longirostris* KAUP. Metacarpale IV dexter. Vorderansicht. Breitenfeld b. Riegersburg. Etwa ¹/₅ der nat. Gr.

Zu: Maria Mottl, Bedeutende Proboscidier-Neufunde usw.   TAFEL IX

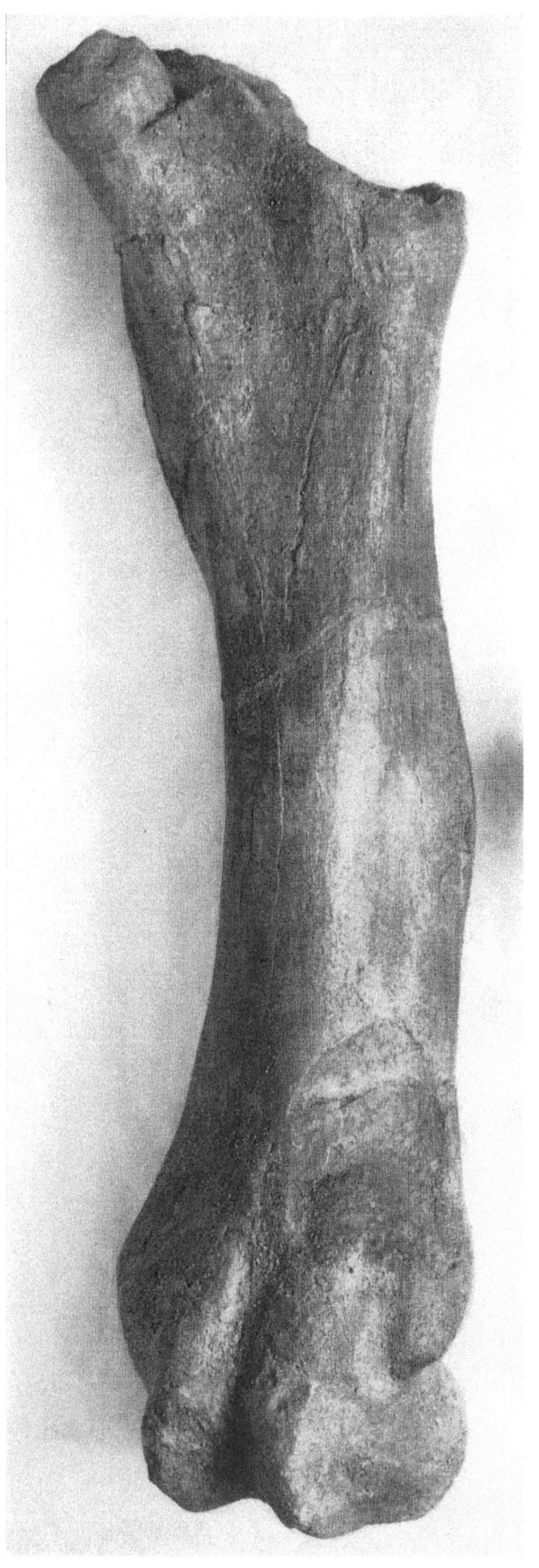

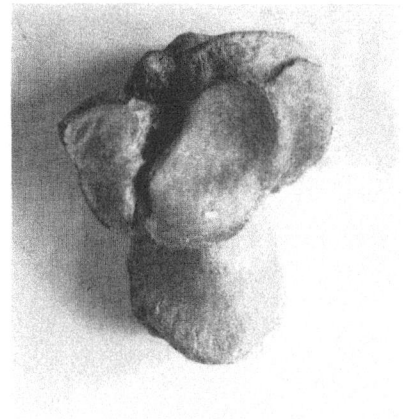

19

20

21

Abb. 19. *Mastodon (Bunolophodon) longirostris* KAUP. Femur sin. Vorderansicht. Breitenfeld b. Riegersburg. Etwa 1/5 der nat. Gr.

Abb. 20. *Mastodon (Bunolophodon) longirostris* KAUP. Calcaneus dexter. Von oben. Breitenfeld b. Riegersburg. Etwa 1/5 nat. Gr.

Abb. 21. *Mastodon (Bunolophodon) longirostris* KAUP. Talus dext. Plantarfläche mit den beiden Calcaneus-Fazetten, davor die Naviculare-Fläche. Breitenfeld b. Riegersburg. Etwas mehr als 1/4 nat. Gr.

TAFEL X

22a

Abb. 22. *Mastodon (Bunolophodon) longirostris* KAUP. Cranium. a = von oben, b = von der Seite, c = von unten. Kornberg b. Feldbach. Nahezu $1/8$ nat. Gr.

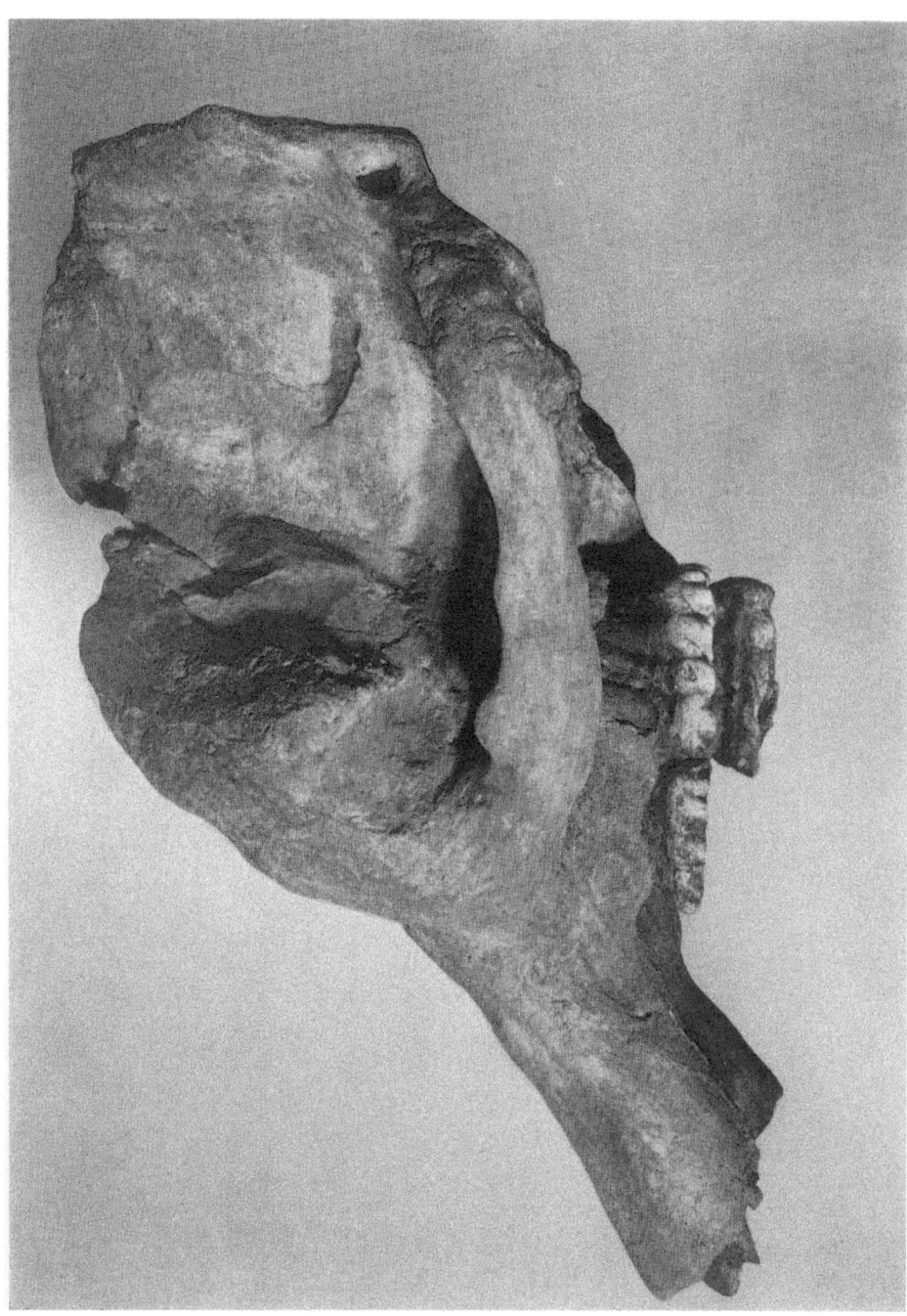

22b

Zu: Maria Mottl, Bedeutende Proboscidier-Neufunde usw. TAFEL XII

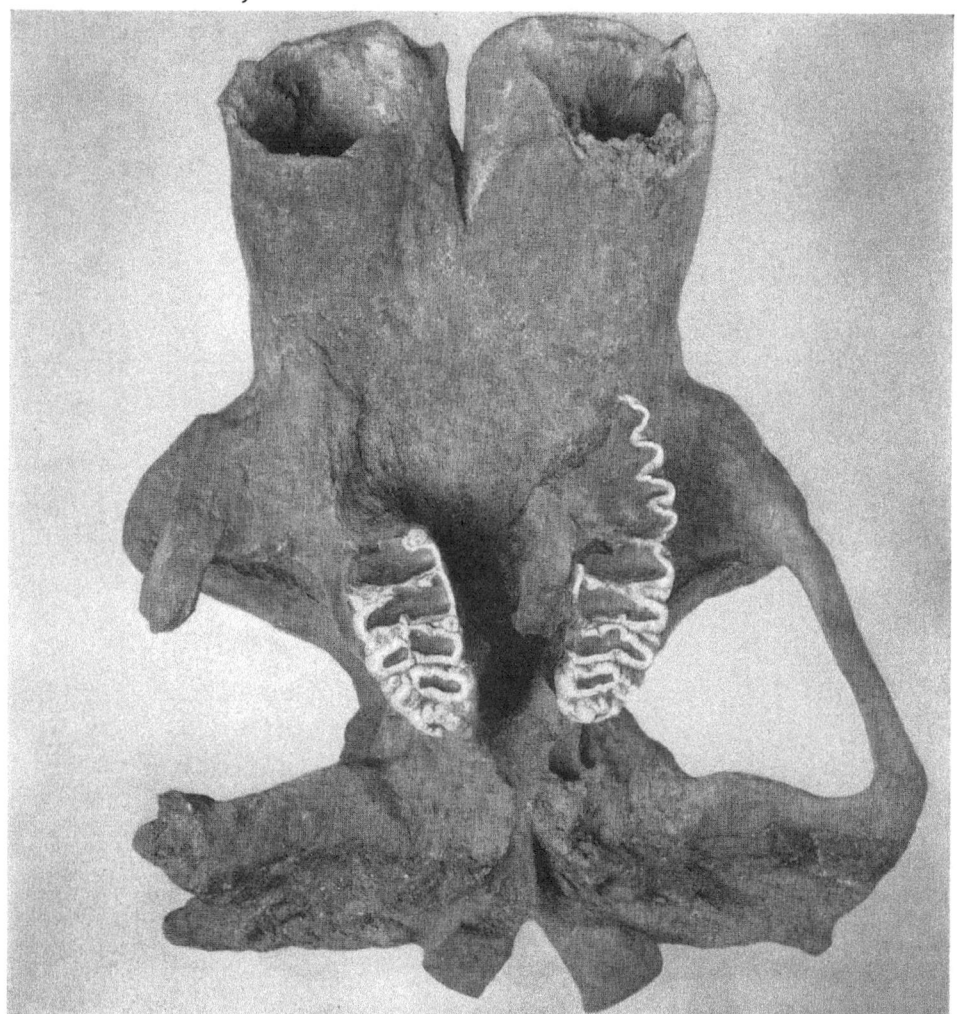

22c

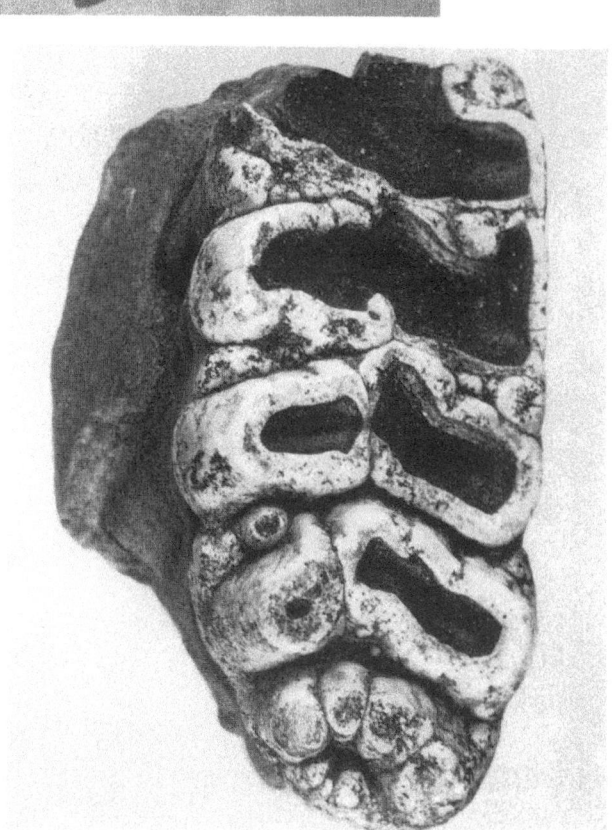

23

Abb. 23. *Mastodon (Bunolophodon) longirostris* KAUP. M³ dexter. Von oben. Kornberg b. Feldbach. Fast ¹/₂ der nat. Gr.

Zu: Maria Mottl, Bedeutende Proboscidier-Neufunde usw. TAFEL XIII

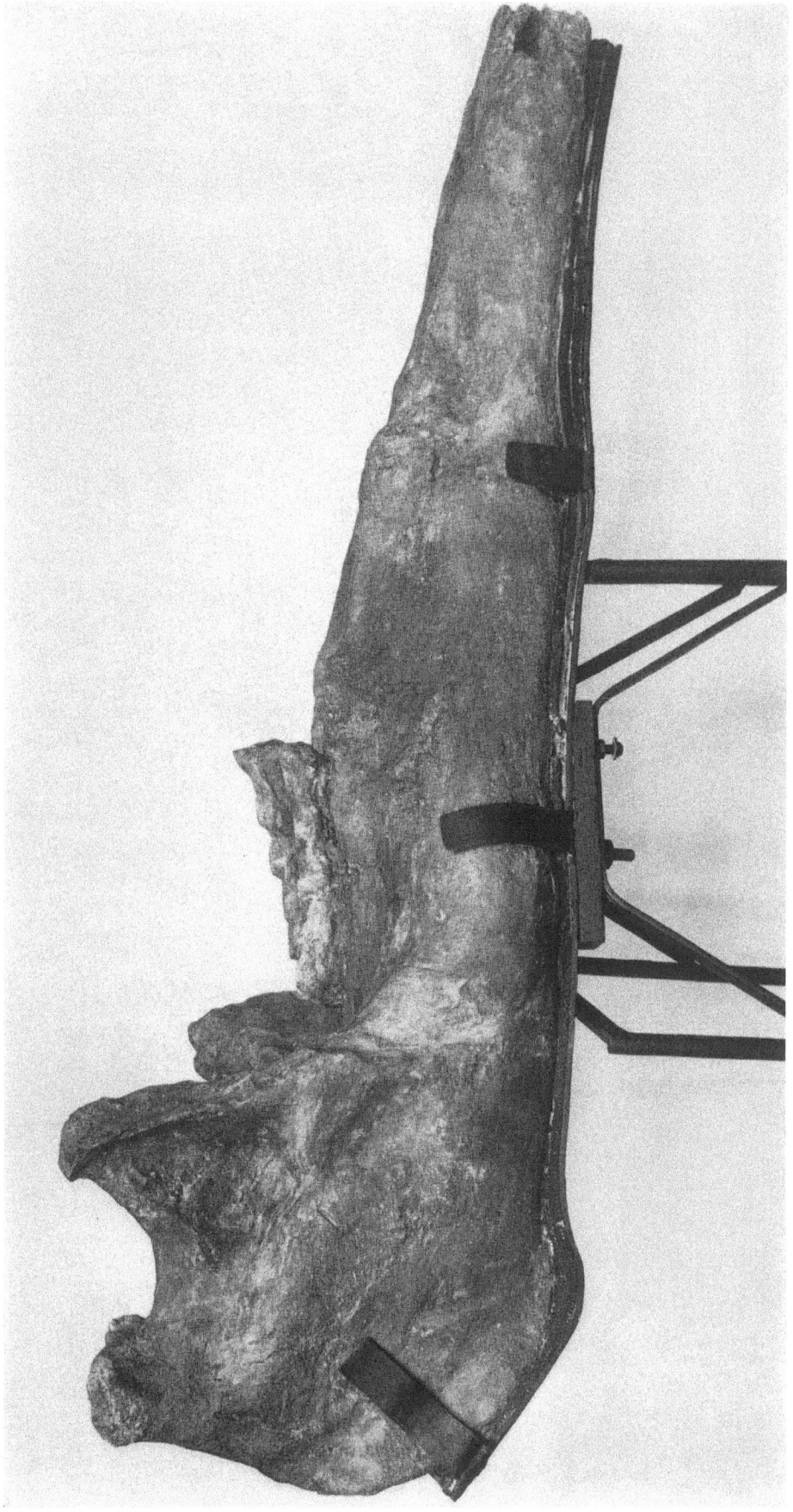

Abb. 24. *Mastodon (Bunolophodon) longirostris* KAUP. Mandibel. Seitenansicht. Kornberg b. Feldbach. Etwas weniger als 1/5 der nat. Gr.

TAFEL XIV

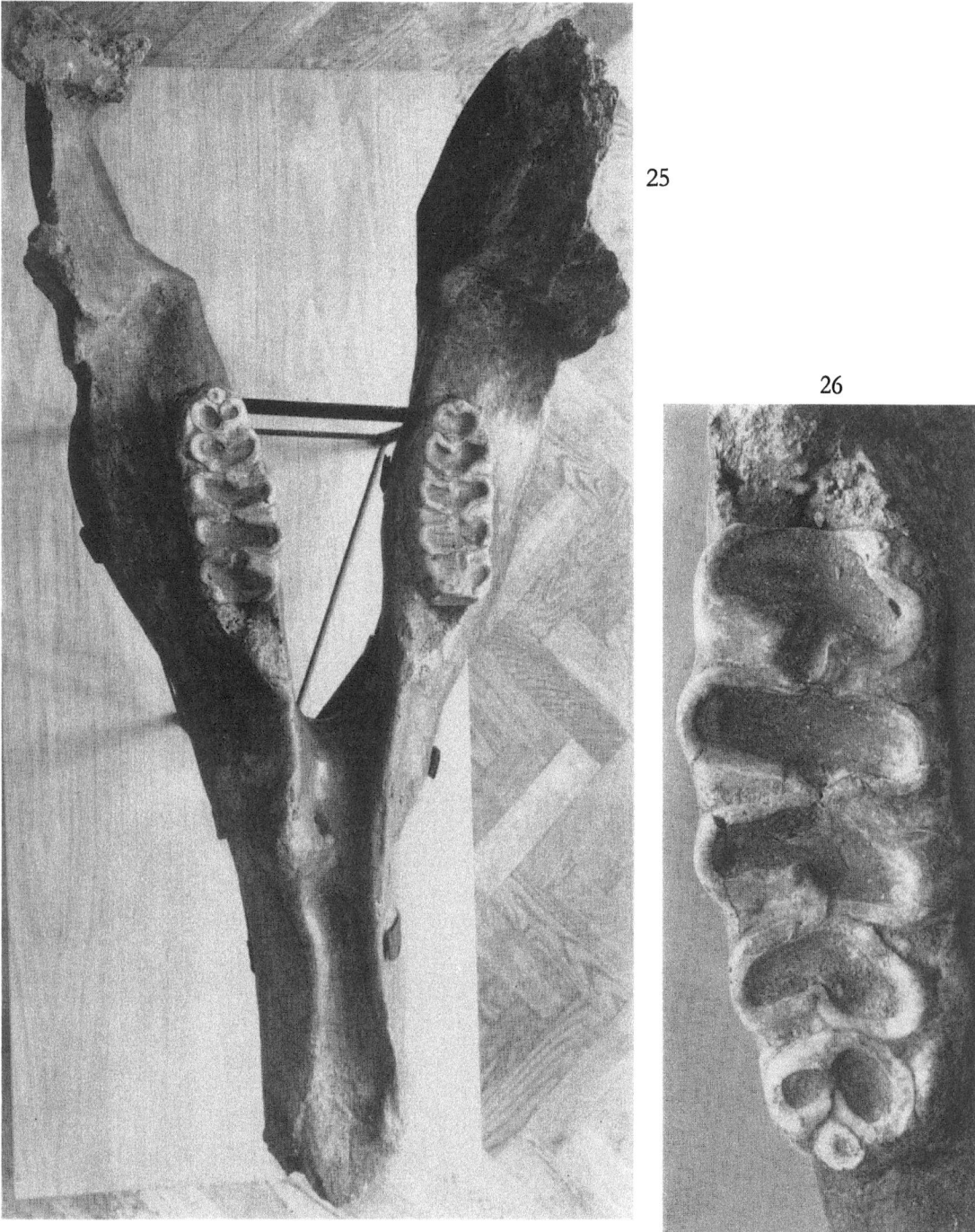

Abb. 25. *Mastodon (Bunolophodon) longirostris* KAUP. Mandibel. Von oben. Kornberg b. Feldbach. Etwas weniger als $1/7$ der nat. Gr.

Abb. 26. *Mastodon (Bunolophodon) longirostris* KAUP. M_3 dexter. Von oben. Kornberg b. Feldbach. Etwas weniger als $1/2$ nat. Gr.

Zu: Maria Mottl, Bedeutende Proboscidier-Neufunde usw. TAFEL XV

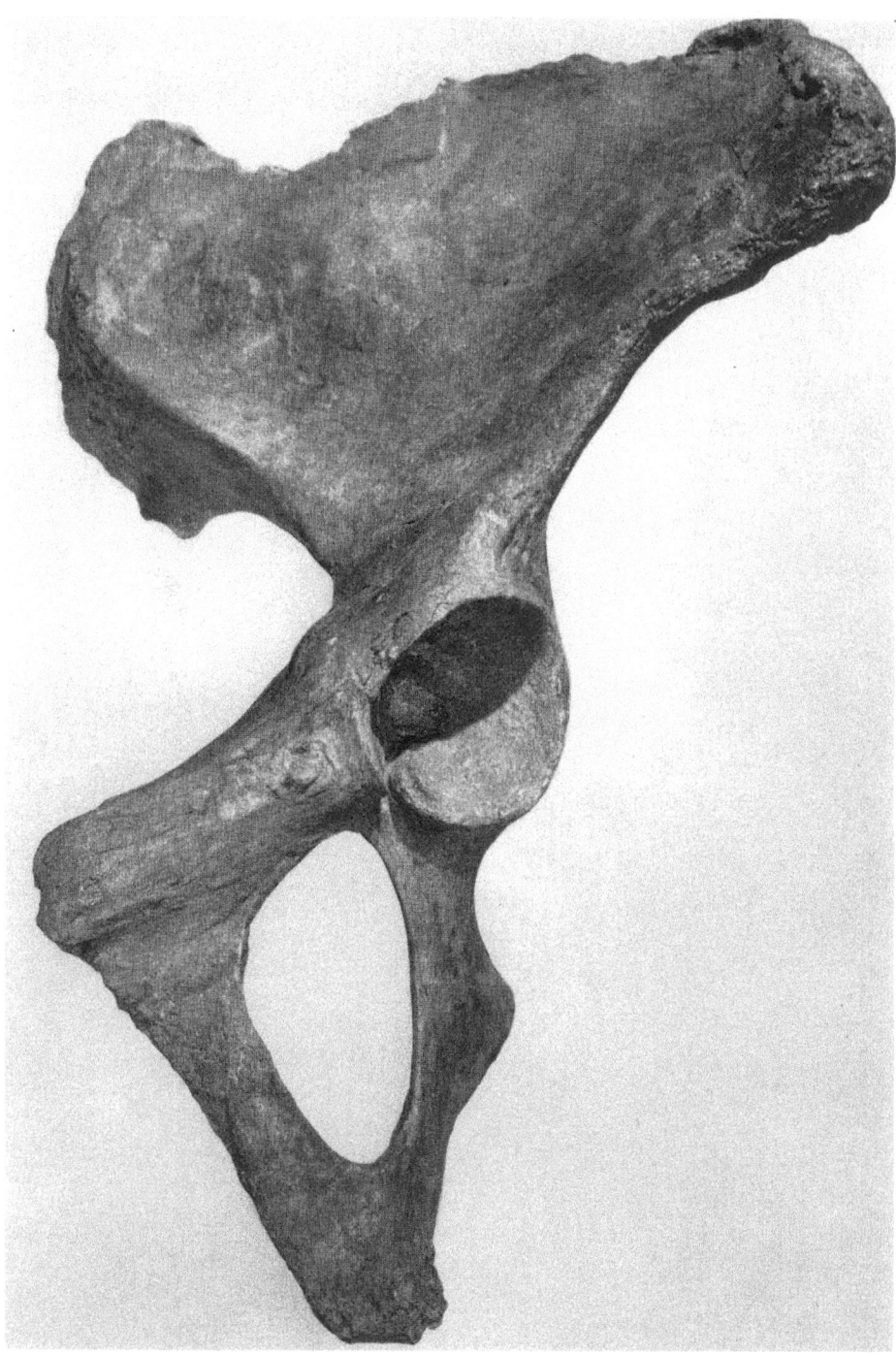

Abb. 27. *Mastodon (Bunolophodon) longirostris* KAUP. Linke Beckenhälfte. Ileum mit der Facies pelvina. Kornberg b. Feldbach. Etwa ¹/₅ für den Pubis-Ischiumbereich.

TAFEL XVI

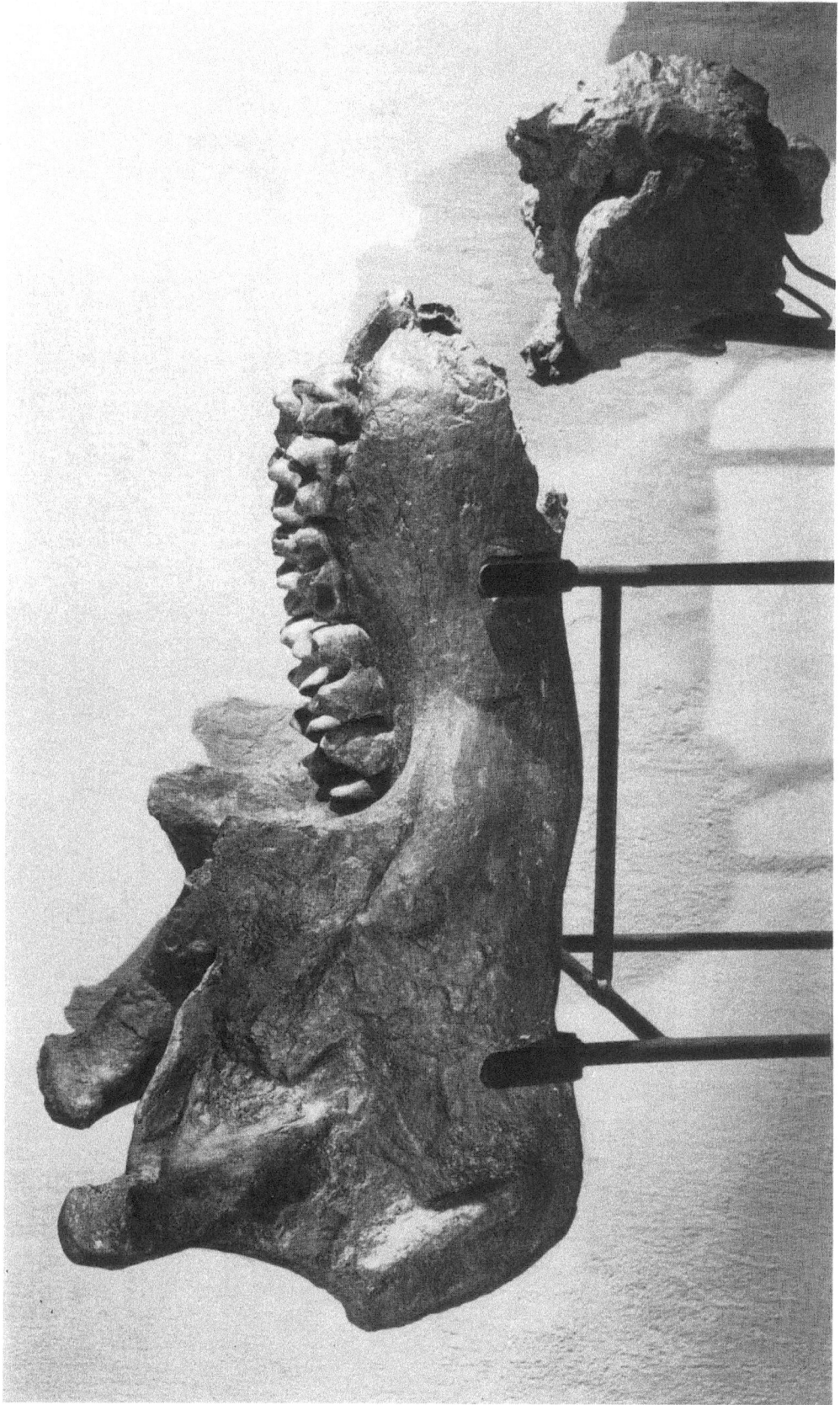

Abb. 28. *Dinotherium giganteum* KAUP. Unterkiefer. a = von der Seite. Nahezu 1/5 der nat. Gr. b = von oben. Etwas mehr als 1/6 der nat. Gr. c = Zahnreihen, 1/3 der nat. Gr. Breitenfeld b. Riegersburg.

Zu: Maria Mottl, Bedeutende Proboscidier-Neufunde usw. TAFEL XVII

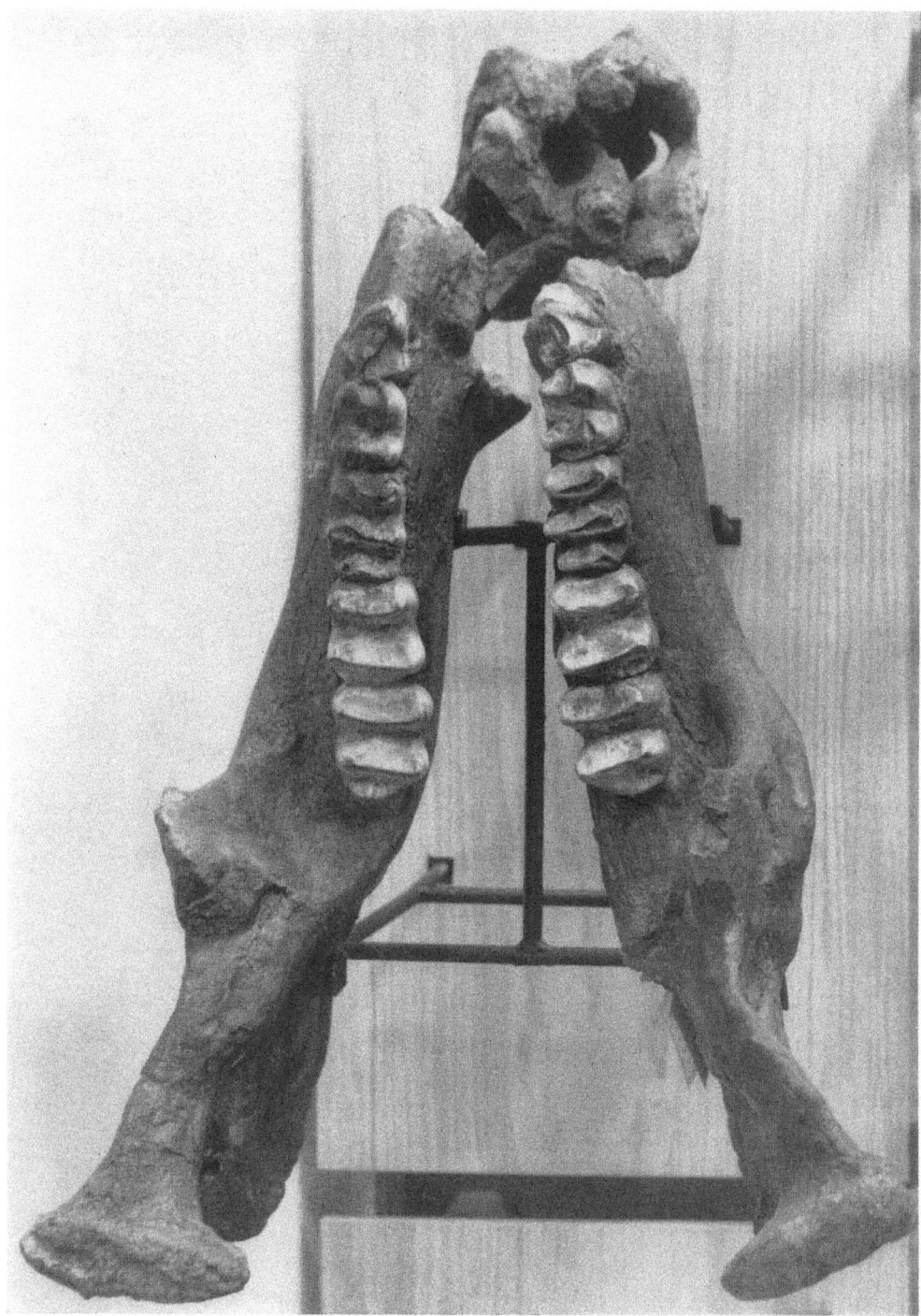

28b

TAFEL XVIII

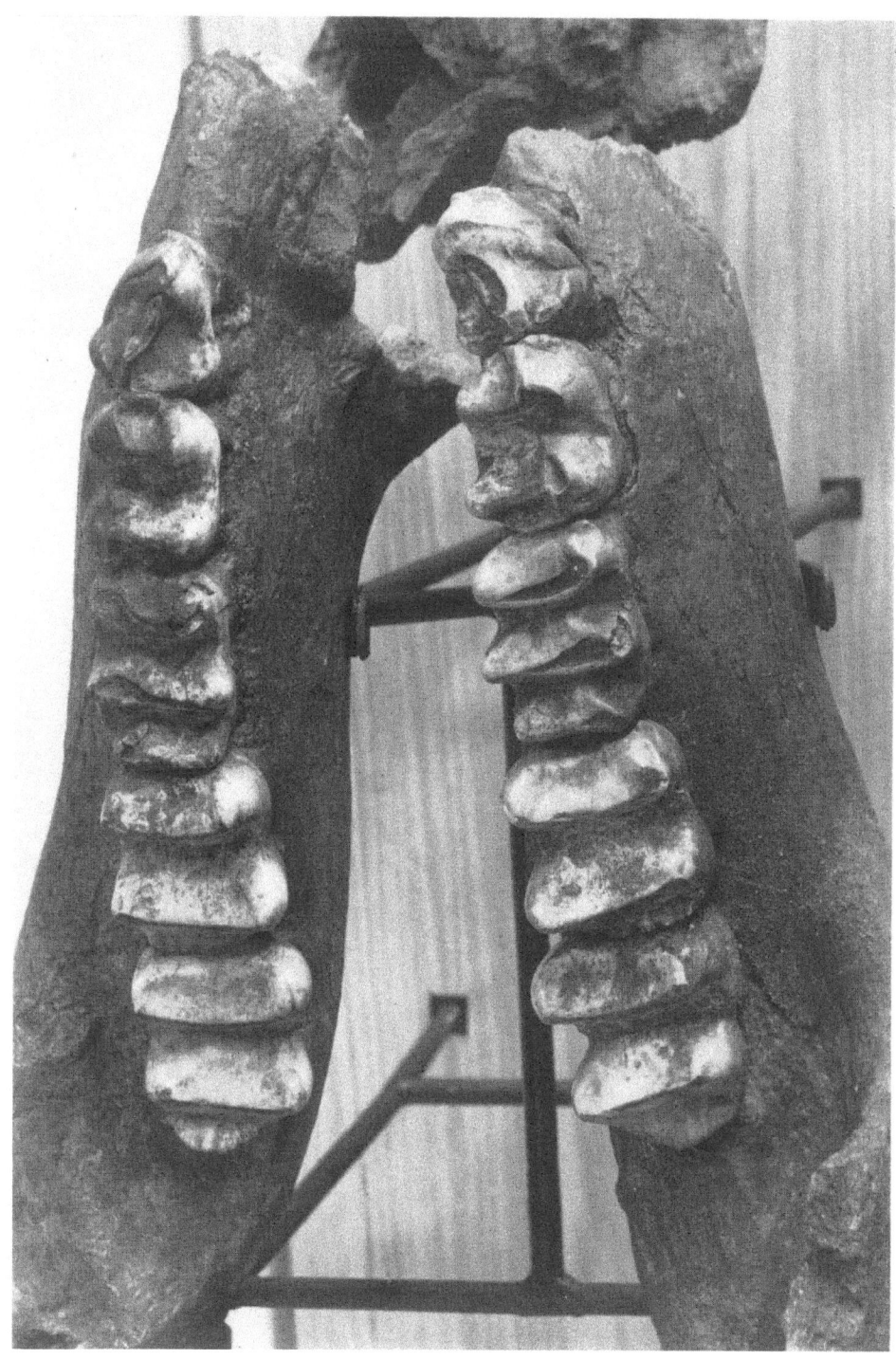

28c

Zu: Maria Mottl, Bedeutende Proboscidier-Neufunde usw. TAFEL XIX

Abb. 29. *Dinotherium giganteum* KAUP. Vollständiges Becken. Breitenfeld b. Riegersburg. Etwas mehr als $1/_{11}$ der nat. Gr.

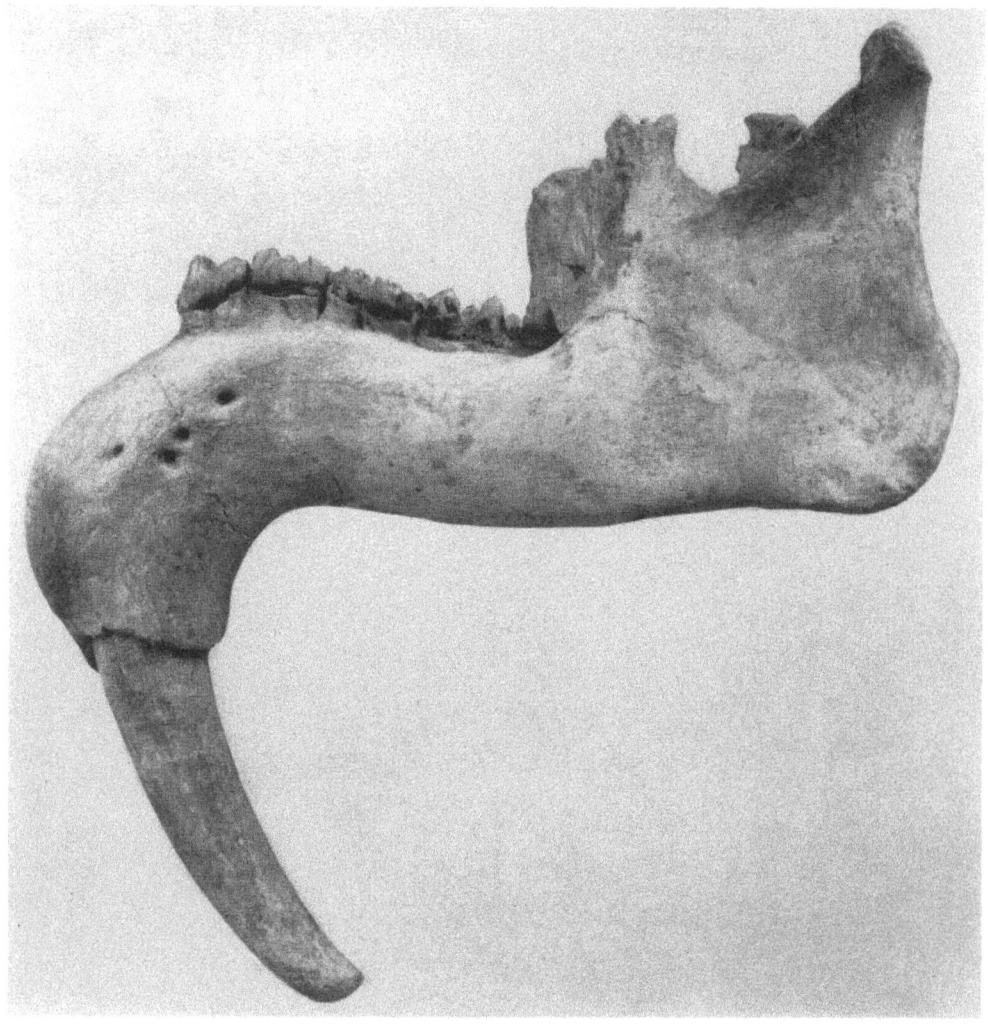

30a

Abb. 30. *Dinotherium levius* JOURD. Unterkiefer. a = Seitenansicht. Etwas mehr als $1/7$ nat. Gr. b = Vorderansicht. Fast $1/4$ der nat. Gr. Holzmannsdorfberg b. St. Marein a. P.

Zu: Maria Mottl, Bedeutende Proboscidier-Neufunde usw. TAFEL XXI

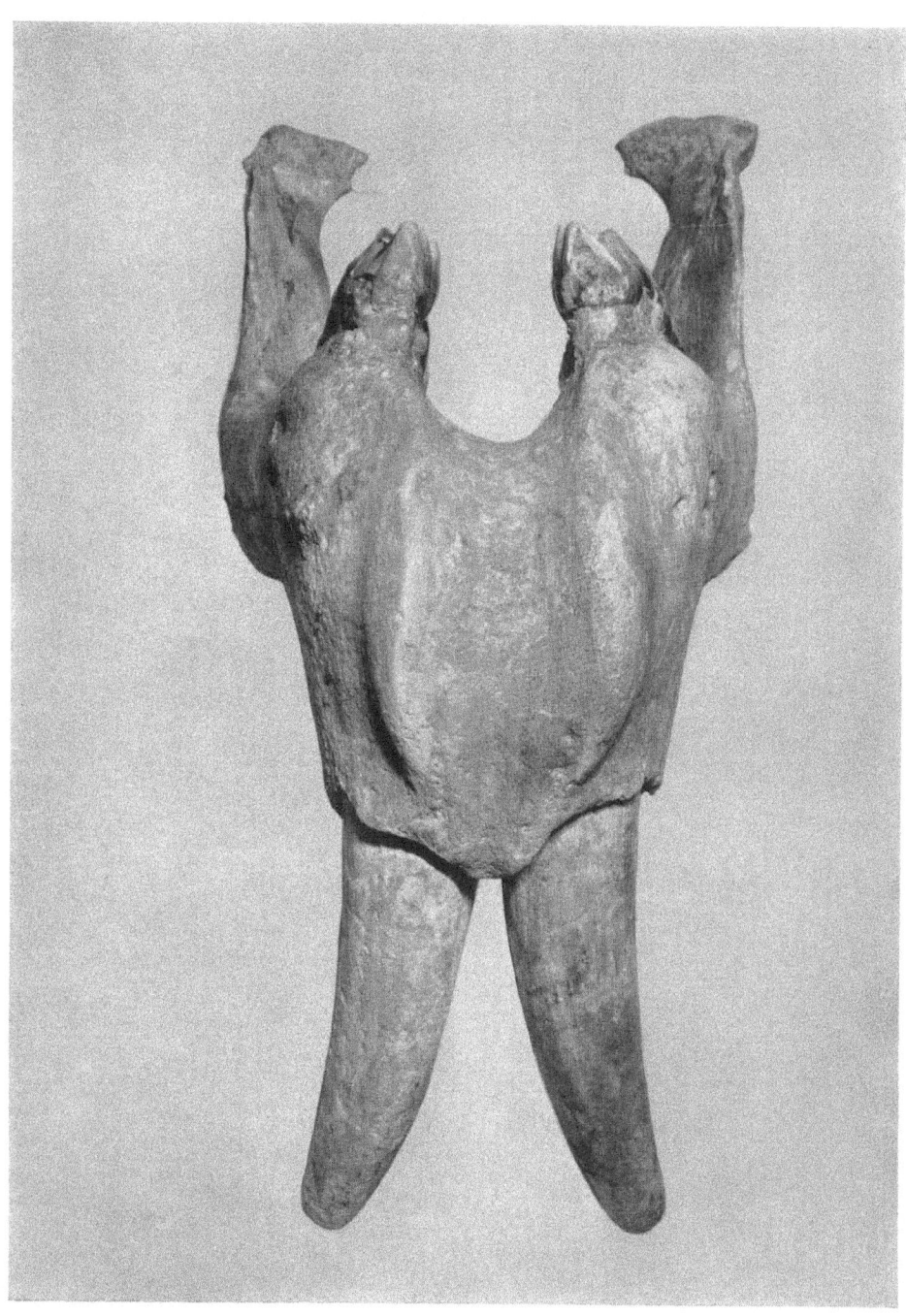

30b

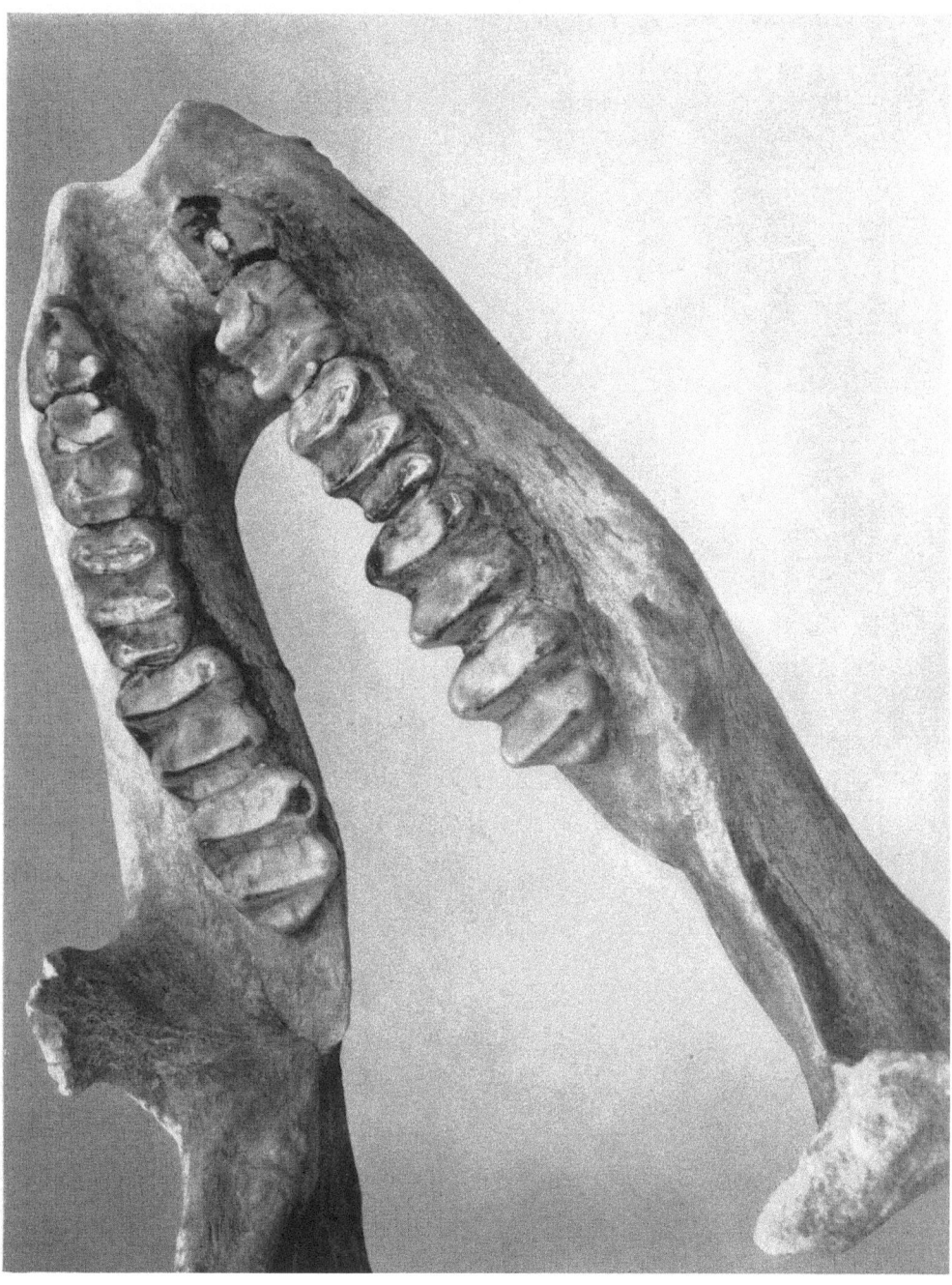

Abb. 31. *Dinotherium levius* JOURD. Zahnreihen. Von oben. Holzmannsdorfberg b. St. Marein a. P. Etwas weniger als $1/4$ der nat. Gr.

MIX
Papier aus verantwortungsvollen Quellen
Paper from responsible sources
FSC® C105338

If you have any concerns about our products,
you can contact us on
ProductSafety@springernature.com

In case Publisher is established outside the EU,
the EU authorized representative is:
**Springer Nature Customer Service Center GmbH
Europaplatz 3, 69115 Heidelberg, Germany**

Printed by Libri Plureos GmbH
in Hamburg, Germany